SHODENSHA
SHINSHO

「世界遺産」の真実

――過剰な期待、大いなる誤解

佐滝剛弘

JN276249

祥伝社新書

はじめに

日々、仕事や家事、あるいは受験勉強に追われて慌《あわただ》しく過ごしているあなたに、来月一〇日間お休みを差し上げます、必要な費用も負担しますので日常を忘れてください、そんな夢のようなプレゼントを授けられたら、どんなふうに過ごそうと思われるだろうか。

この際だから憧れの場所へ行ってみたい。京都嵐山《あらしやま》の紅葉、沖縄・石垣島《いしがきじま》の海、いや一〇日間もあるんだったら、中国のシルクロード、ナイアガラの滝、リオデジャネイロ、地中海のクレタ島……なるほど、これは「世界遺産」へと話を強引に持っていく著者のあからさまな誘導尋問だと見抜かれたかもしれない。

ところが、今、挙げたいくつかの世界的に有名な観光地は、正確には、残念ながらどれも、この本の主役である世界遺産には登録されていない。その一方、世界遺産の候補はあなたの身近に実はたくさんある。飛騨《ひだ》高山や金沢の古い街並み、四国八十八箇所《かしょ》のお遍路《へんろ》めぐりの道、善光寺《ぜんこうじ》も三内丸山《さんないまるやま》遺跡も仁徳《にんとく》天皇陵も埼玉《さきたま》古墳群も、地元の自治体が正式に名乗りを挙げた世界遺産候補である。お遍路が歩く名もない山道が世界遺産になるかもしれず、ナイアガラの滝やバッキンガム宮殿が世界遺産ではないと聞いて、どう思われるだろうか。

今や小学生まで知らぬ者とてない「世界遺産」は、わずか二〇年前までは、日本人のほとんど誰も知らない言葉であった。そして、この間に、世界遺産は、観光、あるいは文化、地域振興といった分野で、一躍スターダムにのしあがった。非の打ちどころのない理念と実際に訪れたときの素晴らしさ、そして圧倒的な集客力。憧憬《しょうけい》の対象として尊崇《そんすう》を集めてきた世界遺産は、しかし、ここ数年、風当たりが強くなってきた。粗製濫造《そせいらんぞう》とも思える毎年の大量登録、登録されるや半年もしないうちに旅行会社が組む団体ツアーの目玉に祭り上げられる俗っぽさ、我《われ》も我もと節操《せっそう》なく立候補して、今に日本中世界遺産だらけになってしまいかねない安易な目標。世界遺産だというので行ってみたら、土産物《みやげ》屋が立ち並ぶ興醒《きょうざ》めの観光地だったり、逆に眼を見張る建物ひとつない拍子《ひょうし》抜けのつまらないところだったりという話も枚挙《まいきょ》に暇《いとま》がない。もういい加減、世界遺産を持ち上げたり、世界遺産に振り回されるのはやめたらどうなの？　そんな声も聞くようになった。

その最大のターニングポイントは、世界遺産候補物件「平泉《ひらいずみ》の文化遺産」が、ユネスコ（国際連合教育科学文化機関）の世界遺産委員会で「登録延期」となり、大きく報道された二〇〇八年夏のことである。

これまで、日本が推薦した世界遺産候補は、すべて登録を果たしてきたため、この事実上の落選は、ことのほか大きくメディアに取り上げられた。まるで日本の恥のような報道さえあったが、これまで推薦物件がすべて登録されてきたほうが珍しく、数ある世界遺産のうちの少なくない物件が、一度は、あるいは何度も落選の末、再チャレンジでようやく世界遺産の座を射《い》止めているということもほとんど知られていなかった。そもそも、世界遺産も、全知全能の神ではなく、「誰か」が決めているわけで、人が決める以上、好みも反映されれば、政治的思惑《おもわく》の中で決まることもある。世界遺産の登録の基準そのものも、普遍《ふへん》的なものとは言いがたく、世界遺産の概念が変容するたびに、大きく変わってきた。「平泉ショック」は、世界遺産とは何かをあらためて問いかける契機となったのである。

私の中では、ユネスコが提唱した世界遺産という理念そのものへの高い評価は、今も基本的には変わっていない。地球環境への関心が高まり、近現代の遺産や景観の価値が見直されている現在、環境保全をリードし、日本の文化財にはない範疇《はんちゅう》のものも以前から意欲的に世界遺産に登録してきたユネスコには、間違いなく先見《せんけん》の明《めい》があったと感じる。しかし、世界遺産の現実は、理想とは程遠いし、そのネームバリューだけをありがたがる私たちの側にも、自省が求められているのではないか。

私は、二〇〇六年に、最初の世界遺産に関する長文の論考を「旅する前の『世界遺産』」

（文春新書）としてまとめたが、このわずか三年ほどで、世界遺産の総件数は一〇〇件近く増えた一方で、行き過ぎたブームへの危機感は一層強まった。

この本では、毎日のようにテレビをにぎわす「絶景！ 世界遺産の旅」などと題したお気楽な番組では触れない、世界遺産の知られざる事情を紹介しながら、では、本当の人類の至宝とは何か、それを守る仕組みは世界遺産がベストなのか、ということにも踏み込みつつ、「期待」と「誤解」に憑依《ひょうい》されてしまった世界遺産のあるべき姿の再構築を試みたい。

もし、読者が、素晴らしい世界遺産を次々と紹介してもらいたい、という目的でこの本を読み進めるとすれば、おそらくがっかりされるだろう。しかし、最後までお読みいただければ、これから行ってみたい世界遺産の、あるいはこれまで訪れた世界遺産の、さらには、世界遺産になったらいいのにと考えている物件の、真の価値をあらためて考えてみる機会を提供できるような構成にしたつもりである。

それでは、世界遺産の「真実」に分け入るバーチャルな旅にご一緒に出発しよう。

二〇〇九年一一月

佐滝剛弘《さたきよしひろ》

「世界遺産」の真実――目次

第二章　「落選」！「取り消し」!!　世界遺産最新事情　41

第三章　そもそも世界遺産とは何なのか？ 73

第四章　石見《いわみ》銀山が「登録」されて、平泉《ひらいずみ》が「落選」した理由　127

第五章　猫も杓子《しやくし》も世界遺産 169

巻末付録「世界遺産の本質」が伝わる一〇のお勧め世界遺産 269

※本文中の写真は、注記したもの以外は著者が撮影した。

第一章

なぜ、かくも「世界遺産」は好まれるのか？

「遺産相続」から「世界遺産」へ

一昔前、とはいえそんなに遠くない少し前、「遺産」という言葉で連想されるのは、「遺産相続」に代表されるように、個人や一家が所有する土地や貯金などの「遺《のこ》された財産」であった。広辞苑でも、「遺産」の一番目に載《の》っているのは、「死後に遺した財産」という解説である。そして、二番目に掲載されているのが、「比喩《ひゆ》的に、前代の人が遺した業績」で、使用例として、「文化遺産」となっている。しかし、「遺産」という言葉の第一義は、家族関係の希薄化などもあって、「遺産相続」に直面するのが数十年に一度程度である現在、むしろ、この「文化遺産」に代表される使用例になりつつあると言えば言い過ぎだろうか。

このような字義の逆転現象ともいえる事態をもたらしたのが、この本の主役である「世界遺産」の登場と普及であることは、論を俟《ま》たないであろう。世界遺産は、次世代に継承すべき人類の至宝であり、かけがえのない地球の宝石という認識も定着した。世界遺産は、旅の目的地として憧れの対象となり、地域にとっては、地元の名所旧跡が世界遺産となることは、究極の「地域おこし」だと捉《とら》えられ、日本各地で、今なお、世界遺産登録運動は熱を帯び続けている。

現に、二〇〇七年に世界遺産登録を果たした島根県の「石見《いわみ》銀山」（正式名称は、「**石見銀**

山遺跡とその文化的景観」）は、登録前は、全国レベルではまったく無名であったにもかかわらず、今や出雲《いずも》大社《たいしゃ》や錦帯橋《きんたいきょう》、秋芳洞《あきよしどう》などの知名度の高い観光地を押しのけ、中国地方最大の「行ってみたい場所」のひとつとなりつつある。いや、地域のみならず、国別の世界遺産の数は、その国の文化度や自然の多様さのバロメーターとなり、文化や自然を司る国家機関、日本で言えば、文化庁や環境省は、国家の威信をかけて、世界遺産登録に精魂を傾ける、そんな姿が当然となってきた。まさに、「世界遺産大明神」の跳梁跋扈《ちょうりょうばっこ》である。

メディアが殺到する世界遺産

日本でブームが作られたり、知名度が上がるのに最も貢献するのは、いうまでもなく、マスメディアの力である。口コミで評判が広がることもあるし、インターネットの世界で寵児《ちょうじ》となり、それがネットの枠を越えて一般に広がっていくこともあるけれど、強い伝播《でんぱ》力を持つのは、そのよしあしは別として、マスメディアであることは否定できない。

日本は、ほかの先進国よりもかなり遅く、一九九二年に世界遺産条約を批准《ひじゅん》し、翌九三年、初めて「**法隆寺**《ほうりゅうじ》**地域の仏教建造物群**」「**姫路城**《ひめじじょう》」「**白神山地**《しらかみさんち》」「**屋久島**《やくしま》」の四物件が世界遺産に登録された。その当時、世界遺産という言葉はまだ一般的ではなく、注目度も低かった。一部の旅行雑誌や自然、歴史などの専門誌に取り上げられることはあったものの、メディアが挙《こぞ》って取り上げるという事態にはならなかった。翌年の一九九四年に「**古都京都の文化財**」、九五年には「**白川郷《しらかわごう》と五箇山《ごかやま》の合掌《がっしょう》造り集落**」と、世界遺産が相次いで増え、次第にメディアへの露出度が高まった。

大きなエポックとなったのは、一九九六年四月に放送を開始したTBS系列のテレビ番組「世界遺産」の静かなインパクトであろう。日曜深夜というギョーカイ的には厳しい時間帯ではあったが、美を凝縮《ぎょうしゅく》した映像と、うるさいリポーターや饒舌《じょうぜつ》なナレーションを排した演出で、旅好きのファンの心を捉えただけでなく、環境映像としての見られ方もされ、世界遺産の多様な世界を広く伝えるという意味で、多大な貢献を果たしたことは間違いない。とはいえ、番組開始から五年ほどは、そのほかのメディアが挙って追随するという状況には至らなかった。

旅行のパンフレットに、あるいは雑誌の記事、書籍、そしてテレビ番組などに世界遺産の名が顕著《けんちょ》に現れ始めたのは、世紀を跨《また》ぐ二〇〇〇年前後からであろうか。それから一〇年ほど経過した現在でも、その傾向はとどまるところを知らない。

週刊誌でも、テレビ番組でも

例えば、身近な週刊誌。そのグラビアページには、連載企画が満載されているが、二〇〇九年秋現在でも、『週刊ポスト』が「世界遺産の旅」（三井住友銀行提供）と題された大きなカラー写真入りで世界遺産を紹介するコーナー、『サンデー毎日』が「写真家たちの世界遺産」と題したこれまた大型写真をドーンと押し出した見開き二ページのコーナーを継続している。

旅行系の雑誌にまで範囲を広げれば、さらにその傾向は強まる。私が加入している日本航空のマイレージ会員専用の月刊誌でも、「ワンワールドで行く世界遺産」と題して、JALが加盟する国際航空ネットワークである「ワンワールド」を使って、あちこちの世界遺産へ行ってみましょう！　という趣旨の連載が毎号掲載されている。

一方、より影響力が大きいテレビの世界では、世界遺産への「雪崩《なだれ》」現象は、さらに顕著であるといってよいであろう。NHKでは、五分間で一件の世界遺産を紹介する「シリーズ世界遺産100」がほぼ毎日、総合テレビでもBSハイビジョンチャンネルでも放送されている。これは、ユネスコへの映像提供という公的な使命も帯びた取り組みで、小学館と提携し、DVDやDVDブックのシリーズとしても発刊されるという「メディアミックス」戦略も採《と》られており、実際ＤＶＤのほうもよく売れている。

　また、総合テレビには、「世界遺産からの招待状」（毎週月曜日夜十時〜）という、ズバリ世界遺産紹介番組がある。これは、二〇〇五年春から始まった「探検ロマン世界遺産」という、四三分の定時番組の後継で、ＮＨＫの世界遺産関連番組の基幹を担っている。「探検ロマン世界遺産」では、リポーターが原則一回一件の世界遺産を訪れるという構成だったが、現在では、画面にリポーターは登場せず、あるテーマで括《くく》った数件の世界遺産を一回で放送するスタイルに変わっている。ＮＨＫには、ほかにも、世界遺産からの大型中継番組であったり、厳島《いつくしま》神社や奈良・薬師寺《やくしじ》、京都・西本願寺《にしほんがんじ》などを取り上げる「ハイビジョン特集」という枠の大型紀行番組などで、随時世界遺産を取り上げており、その露出はかなり高いといってよい。時間的にも経済的にもゆとりのある高齢者視聴層の多いＮＨＫの戦略としては、頷《うなず》けるものがある。

　一方、民放の代表といえば、前項でも触れたＴＢＳ系列の「ＴＨＥ世界遺産」。そのものズバリ「世界遺産」というタイトルで日曜日の深夜に登場したのが、一九九六年四月。私は、その当初からずっと視聴しているが、ヘリコプターやセスナ機による空中撮影やクレーンを使用した撮影など、ＮＨＫにいる私でさえ羨《うらや》ましさを感じるほどの映像至上主義で、大胆にも一分以上もナレーションをまったく入れず、映像と音楽だけで遺産の魅力を語りかける手法は、テレビの演出論にも一石を投じた。二〇〇四年には、番組として日本産業デザイン振興会の「グッドデザイン賞」を受賞。また、番組開始一〇年の二〇〇六年には、日本旅行業協会から、「一〇年に及ぶ放送の結果、世界遺産を目的とする海外旅行者増に多大な貢献を果たした」ものとして、「ツーリズム・アワード　ベストトラベル　メディア二〇〇六」を受賞するなど、貢献度も高く評価されている。

　やはり、TBS系列の長寿番組「世界・ふしぎ発見」は、海外ロケを基本としたクイズ番組だが、注意して見ていると、世界遺産が頻繁に登場する。二〇〇九年放送分のタイトルを拾っても、「世界遺産三〇件踏破！　マカオ・ミステリー」とか「スペイン横断　行列のできる世界遺産の旅」など、世界遺産を前面に押し出して、視聴者を獲得しようとしている節がうかがえる。

　最近では、日本テレビ系列の「世界の果てまでイッテQ！」（毎週日曜夜放送）で、不定期に、お笑いコンビ「オセロ」の松嶋尚美《まつしまなおみ》が、「一〇〇万円で一〇〇個の世界遺産を訪れる」というチャレンジを放送しているのが目を惹《ひ》く（一〇〇『件』ではなく、一〇〇『個』となっているため、一件の世界遺産を構成する複数の遺産も別々にカウントしており、この一〇〇という数字は、かなりあいまいであるのだが）。

さらに、テレビコマーシャルでも、世界遺産の映像を使っているところが目につく。直近のものだけでも、野村不動産の「プラウド」のCMで、二〇〇九年前半には、「**アマルフィ海岸**」、夏からは、「**カゼルタの王宮**」と、ともに南イタリアの魅力的な世界遺産の映像がバックに流れているし、パナソニックのカーナビゲーションとトヨタの高級ミニバン「ヴェルファイア」のCMにも、このすぐあとにも述べる、日本人に人気の「**モン・サン・ミシェル**」（フランス）が背景に使われている。

一週間テレビを見ていれば、ニュースも含め、世界遺産は実に多く取り上げられていることがわかる。メディアの影響ということを考えれば、写真や映像という視覚に訴えやすい要素を持つ世界遺産は、想像以上に日本の視聴者や読者に影響を与えていることだろう。

団体ツアーの目玉は「世界遺産」周遊

製造業を中心とした「実業」も、金融業などの「虚業」も産業の頂点を過ぎ、今後はむしろ長期低落の道をたどると予想される中で、観光産業、あるいは旅行産業は、二つの意味で、二一世紀の主要な産業の柱となりうると期待されている。ひとつは、国際的に見て、中国やインドをはじめとした人口大国が経済のテイクオフ期に入り、海外旅行客の大幅な増加が期待され、また国内では、経済的・時間的にゆとりのある団塊の世代が退職期に入り、旅行需要が増大すると考えられることなどから、低成長期でも伸びが期待される産業であること。もうひとつは、大規模な公共事業や企業誘致が難しくなる中、地域振興という観点から、「観光客の増加」は地域活性化の数少ない振興策と考えられている点である。

もちろん、二一世紀に入ってからも、二〇〇一年九月一一日の同時多発テロに始まり、SARS（鳥インフルエンザ）・新型インフルエンザの蔓延《まんえん》や原油高による航空運賃の高騰《こうとう》、二〇〇八年秋に始まった世界同時不況など、観光に水を差す事態が頻発《ひんぱつ》し、実際にそのたびに旅行客は伸び悩みや一時的な減少に見舞われている。

しかし、だからといって、観光への期待が薄まるわけではない。人的交流の促進やソフトパワーによる文化の牽引力《けんいんりょく》（例えば、日本のアニメが世界的に愛好され、東京・秋葉原《あきはばら》が、日本の若者だけでなく、世界のアニメ愛好家の聖地になりつつあるような事象）といった面を考えても、広義の観光産業の重要性は、増すことこそあれ、減じることはないと考えるのが一般的な見方である。そして、二〇〇八年一〇月、日本政府は、観光庁を創設、国家を挙げて観光に本腰を入れる意志を内外に高らかに宣言した。

その観光業界、次々と新たな目的地を掘り起こしているわけだが、その成果は、新聞の旅行広告や旅行代理店の店頭に置かれたカラフルなパンフレットを見ると、伝わってくる。最近では、「大人の社会見学」が人気となっており、東京近辺で言えば、地方からの修学旅行の定番、国会議事堂から、「地下神殿」の愛称で最近よく取り上げられる世界最大級の地下放水路である、埼玉県春日部《かすかべ》市の首都圏外郭《がいかく》放水路、神奈川県大磯《おおいそ》町の旧吉田茂《よしだしげる》邸や、「音羽《おとわ》御殿」の愛称で知られ、民主党の鳩山由紀夫《はとやまゆきお》現首相が過ごした鳩山会館など、新旧さまざまな場所を訪れるツアーを見かけるようになった。

しかし、何といっても目に付くのは、やはり世界遺産周遊などと銘《めい》打《う》った旅行であろう。ある日の全国紙を例に海外旅行ツアーを調べてみると（二〇〇九年七月二六日朝日新聞朝刊東京版）、そもそも世界遺産の登録地がない台湾のツアーを除く二二の掲載ツアーのうち、一五のツアーに世界遺産をまわることがツアーの売り文句として謳《うた》われていた。「イタリア一〇日間世界遺産一二カ所周遊」などという、まさに「世界遺産をまわる」ことが主目的のツアーも少なからず存在する。しかし、このツアーの案内をよく見ると、「世界遺産ナポリ歴史地区車窓観光」と記述されている。

団体ツアーでは、一般に観光地の訪問について、「入場観光」（その施設に実際に入場する）、「下車観光」（その観光地でバスを降りて実際に間近で見る、ただし中には入らない）、そして「車窓観光」（バスを降りず、窓から眺めるだけで通過する）という三通りの見学方法がある。新聞広告によれば、この「車窓観光」でも、世界遺産訪問「一カ所」とカウントしている。もちろん、現地に行かないことに比べれば、車窓から見るだけでも実際に見るわけだから、その体験はきわめて重要だし印象に残るものだと思うが、車窓から見るだけで、参加者は満足するのだろうか、などと余計なお節介が頭をもたげる。こうした「車窓観光」までカウントして、訪問する世界遺産の数を増やしているのだとしたら、果たしてそれでよいのかという気になってくるのであるが、いずれにせよ、それがまぎれもない現在のツアーのスタイルである（ちなみに、調べてみると、ナポリを観光する日本からの団体ツアーのほとんどすべてが、ナポリを「車窓観光」で済ませている。治安が悪いわりに、これぞという目玉の観光施設がないからであろう）。

実際、旅行代理店でツアーを企画立案する担当者に聞いても、やはり世界遺産は相当意識するということだ。旅行業界では、NPO世界遺産アカデミーが主催する「世界遺産検定試験」とタイアップし、一定以上の級を取れた添乗員など旅行関係の業務従事者を、「世界遺産スペシャリスト」に認定し、世界遺産の専門家として認定する制度も始めており、二〇〇九年夏現在、六人がその資格を授与されている。

国や地域のイメージを変える世界遺産

ポルトガル統治時代の面影が今も色濃く残る、中国・マカオ。すぐ近くにある旧イギリス領の香港《ホンコン》が、夜景やグルメなど魅力的なイメージで、観光客を惹きつけてきたのに比べ、マカオは、「カジノの町」という印象が強く、女性や家族連れからは敬遠され続けてきた。「マカオに旅行に行く」といえば、それは、長い間、イコール「ギャンブルを楽しんでくる」ということとほぼ同義であったといってよいだろう。

そのマカオに、二〇〇五年、世界遺産が誕生した。中心部に散在するポルトガル統治下に建てられた多くの建物や広場などが「**マカオ歴史地区**」として、世界遺産の仲間入りを果たしたのだ。中国風の寺院とカトリックの教会が違和感なく混在する独特の景観が、中国と西洋の稀《まれ》なる邂逅《かいこう》のモニュメントとして評価されての登録であった。

またそれと相前後して、これまで香港、あるいは広州《こうしゅう》経由でしか入れなかったマカオに国際空港が完成したこともあり、マカオは、世界遺産都市として新たな脚光を浴び始めた。現在、マカオを紹介するメディアの切り口は、一攫千金《いっかくせんきん》の夢を叶《かな》えてくれるかもしれないカジノではなく、世界遺産に彩《いろど》られた魅力ある街へと大きく変貌《へんぼう》している。日本からの観光客も、マカオ観光局の調べによれば、登録前の二〇〇四年には、年間一二万人あまりだったのが、登録後の〇六年には二二万人とほぼ倍増した。

イタリアとチュニジアの間に浮かぶ地中海の島国マルタが、日本で注目を浴び、団体ツアーの目的地として人気を博しているのも、淡路島《あわじしま》程度の面積に三件もの世界遺産があることが大きいし、ユーゴ内戦のイメージが強く、旅行先として敬遠されてきたクロアチアが今、旬を迎えて大勢の日本人ツアーを受け入れているのも、ワールドカップサッカー大会の常連で、日本とも戦ったことがあるという親しみも背景にあるが、何より大きいのは、「**ドゥブロブニク旧市街**」と「**プリトヴィチェ湖群国立公園**」という二つの個性的な世界遺産の存在であろう。

かつて、パリを訪れるツアーは、凱旋門《がいせんもん》、エッフェル塔、ルーブル美術館、ムーラン・ルージュのショー、そして郊外のヴェルサイユ宮殿という定番メニューをこなしたあとは、飛行機でロンドンやローマへ、というケースが大半だった。しかし、現在、ほぼパリとセットといってよいほど、日本人団体ツアーの人気巡礼地となったところがある。フランス北部、ノルマンディー地方にある中世の修道院、「モン・サン・ミシェル」である。砂洲《さす》の先の岩山にへばりつくように建てられた聖堂は、海上に浮かぶという特異な立地と印象的なフォルムにより、「憧れの世界遺産の代名詞」へと上り詰めた。日本人に世界遺産の人気投票を行なえば、必ずベストスリーに顔を出すこの寺院も、世界遺産登録前は、日本では、まったくといってよいほど知られていなかった。一つの世界遺産が、ツアーの目的地としてパリに匹敵する位置を占めてしまう、これも、世界遺産効果が働いた最たる例といえるだろう。

予備軍までブームに

二〇〇九年四月、長崎市の沖に浮かぶ端島《はしま》に、一般の人の上陸が許可された。一九七四年の炭坑閉山以来、三五年ぶりのことである。通称「軍艦島《ぐんかんじま》」と呼ばれ、面積わずか〇・〇六平方キロメートルに五千人が住むという世界一の人口密度を誇った海底炭坑の島は、この年の一月に、「**九州・山口の近代化産業遺産群**」の構成物件のひとつとして、世界遺産候補の仲間入りをしたのとほぼ同時に一般公開され、一日原則二便の観光船は、当初、予約がいっぱいの状況が続いた。年間で二万四千人を想定していた上陸客は、同年九月までの半年で三万人と、予想の倍以上のペースとなっている。最近はやりの「廃墟」ファンの聖地でしかなかった軍艦島が、観光地長崎の主要なスポットのひとつに浮上しそうな勢いである。

ここ、軍艦島だけでなく、日本の世界遺産ブームは、世界遺産予備軍にまで人気が出て観光客が殺到する「前のめり現象」が起きている。

私が群馬県で勤務をしていた二〇〇七年一月、県内の一〇カ所の養蚕・製糸に関連する史跡が「**富岡製糸場《とみおかせいしじょう》と絹産業遺産群**」として、世界遺産暫定《ざんてい》リストに記載された。登録運動そのものは、県内のメディアでも報道されていたが、暫定リスト記載が決まるや、新聞、放送、出版など全国メディアへの露出が一気に増えた。その中心施設である旧官営富岡製糸場は、ほぼすべての日本史の教科書に名前が掲載されていることもあり、知名度こそ高いものの、それまで民間企業が所有し一般に公開されていなかったこともあり、実際に内部を訪れた人はほとんどいなかった。それどころか、創業当時の建物がほぼそのまま残っていること自体、地元の人以外にはまったくといってよいほど知られていなかった。

それが、一躍全国区に躍《おど》り出て、見学客が殺到。その年の大型連休は、昔ながらの狭い市内の路地で県内外からのマイカーが右往左往《うおうさおう》し、静かな地方都市は時ならぬ渋滞に巻き込まれた。その後も、例えば、JR東日本の「駅からハイキング」というイベントツアーの定番目的地となるなど、さまざまな観光コースに組み込まれ、さらに観光客は伸びていった。こうなると、雑誌の特集記事に掲載されたり、テレビの紀行番組でタレントが訪れたりと、情報が情報を生む相乗効果が発揮され、観光地としては実力ゼロだった富岡製糸場は、いまや宿泊客が伸び悩む水上《みなかみ》や伊香保《いかほ》などの県内の旧来の温泉地を上回る集客力を期待されるようになった。

二〇〇九年三月には、ＪＲ信越《しんえつ》本線の碓氷《うすい》峠越えが廃止された今も、不動の人気を誇る駅弁「峠の釜めし」を製造販売する「おぎのや」が、製糸場の正門近くに新たな店舗を出店、六月には、養蚕《ようさん》に重要な桑《くわ》の葉などを使った「富岡製糸場世界遺産登録応援弁当」の販売を始めるなど、ブームを〝後押し〟する商法もくっきりしてきた。

霊峰富士にも、「暫定リスト」効果が表われている。二〇〇七年一月に、ずばり「富士山」という名称で暫定リスト記載が決まった翌年、二〇〇八年の夏の登山者は過去最高を記録、最もポピュラーな登山口である吉田口《よしだぐち》からの登山者は二四万七千人を数えた。翌〇九年も、長雨で天候不順であったにもかかわらず、二四万人台をキープ。シーズン週末の登山道は、深夜にもかかわらず、ご来光を目指す登山者の行列が途切れず、有名社寺の初詣《はつもうで》並みの混雑が常態化している。富士登山ブームはすべてが暫定リスト効果のせいではないにせよ、富士山を抱える地元自治体では、世界遺産登録運動が後押ししていることも一因と分析している。

「セカ女」現象

二〇〇九年三月から六月まで、東京・上野の国立博物館で開かれた「国宝阿修羅《あしゅら》展」。世界遺産にも登録されている奈良・興福寺《こうふくじ》に伝わる寺宝の展示は、これまでなら「奈良興福寺宝物展」などと銘打つべき内容だったが、その中でも最も人気の高い八部衆《はちぶしゅう》像のひとつ、阿修羅像にスポットを当て、その名もずばり「阿修羅展」としたのが功《こう》を奏《そう》したのか、六一日間で九四万人もの観客が、千年の時空を超えて今に伝わる仏像群を見に訪れ、国立博物館開館以来、日本美術の展覧会としては史上最も多い入場者を集めて話題となった（同年七～九月には、九州国立博物館でも開催。こちらも七一万人と九州で開かれた展覧会では史上最高の観覧客を集めた）。一体二九八〇円の阿修羅像の一二分の一フィギュアは、わずか一五日で一万五千個が売り切れ、ヤフーオークションでは、一体二万円もの値段がつくという過熱ぶりがさらに話題を盛り上げた。

注目されたのは、これまでこうした仏教美術展の主要客層だった中高年、特に歴史好き、神社仏閣好きの男性ばかりでなく、若年層、とりわけ女性が挙《こぞ》って仏像に逢いに来た点である。このような仏像好きの女性を最近では、「仏女《ぶつじょ》」と呼び、伊達政宗《だてまさむね》や真田幸村《さなだゆきむら》など生きざまが魅力的な戦国武将に惚れ込み、関連グッズを身につけたり、ゆかりの地へ足を運ぶ

「歴女《れきじょ》（歴史好きの女性）」とともに、その存在が社会現象となっている。

私の身の回りを見ていると、世界遺産にも、同様の現象を感じることがある。もともと、旅行、特に海外旅行は、年代を問わず、男性よりも女性のほうが積極的だが、女性の旅の目的がグルメやショッピング、あるいはエステだけで名所旧跡は二の次、というのはすでに過去のことで、「仏女」や「歴女」でなくとも、明確に旅の目的をあるテーマに絞った若い女性が増えている。その目的のひとつに、世界遺産が入っているのだ。「いつか世界遺産めぐりをしてみたい」「イタリアの世界遺産の町をゆっくり巡ってみたい」「マチュピチュやモン・サン・ミシェルに、一生に一度でいいから行ってみたい」そんな女性の声をよく聞くようになった。

二〇〇六年に始まった「世界遺産検定」の受検者も、実は半分が女性（二〇〇六〜〇八年の実績でちょうど五〇・〇%）であり、また年代を見ても、受検者の六二・七%が二〇〜三〇代ということで、若い女性の受検者が多いことがうかがえる。世界遺産に憧れる女性、すでに世界遺産を実際に旅の目的地として行動を起こしている女性を、私は「セカ女（＝世界遺産好きな女性）」とひそかに呼び、その存在が、旅行業界やマスメディアの「世界遺産現象」に大きく寄与している事実に注目している。

世界遺産委員会で目立つ日本人参加者

日本が世界有数の「世界遺産関心国」であることを如実に物語る〝名所〟のひとつが、毎年開かれるユネスコの世界遺産委員会の会場だ。オブザーバーなども含めると、日本人の参加者は、他の諸国に比べて、突出しているといっても過言ではない。その委員会で物件が審議される当該の自治体や文化財関係者、地元メディアだけでなく、研究者、学生、メディア関係者、国や今後世界遺産登録を目指す自治体からの視察者などなど、数十人規模で会場に押し寄せる。委員会全体の参加者が七〜八〇〇人というから、オブザーバーも入れれば、一割近くが日本人だといってもよいだろう。

そして、会場では、今後の審議を待つ暫定リスト記載の候補を持つところが、パンフレットを山積みにして、諸外国に存在をアピールする。〇九年のセビリアでの世界遺産委員会でも、富士山や長崎の教会群などのパンフレットがしっかりと手に取りやすいよう置かれていた。こうした現象は、関心の高さを示しているうちはいいが、金の力にあかせて、大量のデリゲーションを送り込んで、登録のPR活動をしているように受け取られかねず、日本人のなりふり構わない様子は顰蹙《ひんしゅく》を買いかねない状況だという指摘もある。そのうえ、自国の登録には熱心だが、文化財保護に対し、イニシアティブを取って国際的にリードしているとは見られていないため、余計独断的に映ってしまう。そのあたりに敏感になっている外務省の職員から、日本人は目立たないように後方の座席に座るようにと請《こ》われた参加者もいたようだ。

この「世界遺産委員会詣《もう》で現象」は、のちに詳述する世界遺産登録ブームを反映した結果であろう。

日本以外でも世界遺産ブーム

世界遺産ブームは、果たして日本だけの現象なのか、ということは、前の著書にも書いたが、最近、世界遺産に急速に関心を高めている国がある。中国だ。着実な経済水準の向上とともに、国内外への旅行需要が高まり、世界遺産は格好の目的地となっている。日本人にも人気急上昇の四川《しせん》省の世界遺産、「**九寨溝**《きゅうさいこう》」と「**黄龍**《こうりゅう》」は、もちろん、外国人観光客も少なくないが、圧倒的に中国各地からの観光客が、まさしく「殺到」している。

二〇年前の一九八九年にはわずか六件だった中国の世界遺産は、二〇〇九年の世界遺産委員会を経て三八件、世界遺産大国イタリアとスペインに肉薄する世界遺産の最も多い国の仲間入りをしつつある。考えてみれば、四千年を超す歴史と南北にも東西にも長い広大な国土、そして多様な民族という特徴を考えてみれば、世界遺産の宝庫であることも頷《うなず》ける。そして、そこに富を手にした中国人みずからが出かけていく。ただし、最近中国に留学していた友人が観察したところによると、かつて日本人の観光が「有名観光地に行って来た」ことそのものが重要だったのと同様、世界遺産の理念や本質を理解してのことではなく、世界遺産はあくまでも「観光地のお墨付き」という状況のようだ。

私は二〇〇八年一月に北京《ペキン》とその近郊の世界遺産を訪れるため、中国に滞在した。世界遺産の登録地には、登録を誇らしげに示す巨大な看板や石碑が立つところが多く、また北京市内の大型書店を覗《のぞ》くと、日本ほどではないにしろ、世界遺産を紹介する美麗な写真付きの本なども目にすることができた。また、意外なものとして、日本の東大に匹敵する中国の最高学府のひとつ、北京大学の世界遺産の講座のテキストが販売されているのを見つけ、購入した。

『北京大学素質教育通選課教材　世界遺産』と題された本の前書きを要約すると、「一九九八年春、北京大学で世界遺産の講座が始まった。二年目は、一般教養課程の選択科目としての授業となり、人数が多かったので、二クラス設け、マルチメディア教室で写真やビデオなどを多用した授業を行なった。最初のころは一年に一度の開講だったが、現在は履修《りしゅう》生が多

北京大学の教科書

いため、毎学期開講している。この教科書は、北京市の優秀教材にも選ばれ、北京大の協力を得て、出版されることになった。これからも、北京大でより多くの学生が世界遺産講座を受講し、国内のさらに多くの大学でこの講座が開かれることを願っている」と書かれている。

日本だけではなく、海外でも、ドイツのブランデンブルク工科大学をはじめ、いくつかの大学で世界遺産に関する講座が開かれているのは知っていたが、こうしたテキストが一般書店で売られていることに、中国での世界遺産の注目度の上昇を感じることができた。

中国は、世界遺産登録にも国家を挙げて邁進《まいしん》しており、一九九六年以降、〇二年を除いて、〇九年まで、毎年世界遺産を増やしている。二〇〇〇年には、一気に四件もの登録の「栄誉」を勝ち取った。日本以上に世界遺産への熱意を国家レベルで示している国といえよう。

多々ある。

ノーベル賞、オリンピック……そして世界遺産

これは、自分が身を置くマスメディアの煽《あお》り方の影響も大きいのだろうが、日本は、国際的なステータスやそれを示すイベントに、強く関心を持つ国民性の国だと実感することが多々ある。

オリンピックへの日本勢の参加をことさら注目し、実力のほどはともかく、メダル候補などとはやし立てて持ち上げる。大リーグで活躍する日本人選手の動向を、国内のプロ野球より詳しく報道する。ノーベル賞でも取ろうものなら、家族や母校どころか、少しでも関係のあったところまで丸裸にしてしまうほど追いかける。そして、金メダルを取ったり、ノーベル賞を授与されたことを、まるでわがことのように喜ぶ。そこには、国際的に認知されることに、ことのほか価値を見い出す日本人の特質が表われている。二〇〇八年に公開された邦画「おくりびと」が、一気に知名度を高めたのも、〇九年にアカデミー賞外国語映画賞を受賞したのがきっかけだった。映画の舞台となり、ロケ地にもなった山形県庄《しょう》内《ない》地方の映画ゆかりの地は、大きな集客効果をあげている。世界遺産は、こうした「国際的お墨付き」の象徴として捉えられている面があるのではないだろうか。

「国立公園」や「国定史跡《しせき》」に誇りを抱き、逆に世界遺産にはあまり関心のないアメリカ

や、自国の価値観に揺るぎない自信を持つように見えるフランスなどと比べると、「ミシュランの三ツ星」とか、「ショパンピアノコンクールで入賞」とかには注目が集まり、「国立・国定公園」や「国指定名勝・史跡」には、関心が薄い日本人のありかたは、鎖国を解いた明治維新以降、欧米に追いつくことを目指した近代化の過程で身に染み付いたものなのか、それとも、国際的な刺激の少ない島国という地理的特質の賜物《たまもの》なのか。いずれにせよ、世界遺産は、さまざまな要素が絡《から》み合って、今も日本では高い関心を持たれ続けている。

第二章

「落選」！「取り消し」!!
世界遺産最新事情

はじめての「逆転登録」と「落選」

世界遺産がニュースとして取り上げられる最も大きな機会は、その国に新たに世界遺産が誕生するときであろう。日本では、二〇〇七年から三年続けて、ユネスコの世界遺産委員会で、日本にかかわる物件が審議され、メディアと地元関係者は、新たな世界遺産の誕生に固唾《かたず》を呑《の》んだ。それまで、つまり二〇〇四年の「**紀伊山地の霊場と参詣道**」の登録まで、日本の世界遺産の候補物件は、すべて事前の審査でも「登録が妥当」と勧告され、実際にその通り登録されていることから、誕生そのものはニュースになっても、登録に至るまでの過程はほとんど報道されなかった。

ところが、二〇〇七年五月、世界遺産への申請が出されていた「石見銀山」の事前調査をしたイコモス（ＩＣＯＭＯＳ＝国際記念物遺跡会議。一九六五年に設立、本部パリ。世界文化遺産に推薦された物件の専門的評価や、すでに世界遺産に登録されている物件の保全状況等の調査をする国際的なＮＧＯ）から、「石見銀山は登録延期が妥当」という勧告が出され、そのこと自体が大きく報道された。

つづいて、本番の世界遺産委員会では、延期勧告にもかかわらず、一転して登録が決まったので、誕生のニュースのみならず、なぜ逆転登録に漕《こ》ぎつけることができたのかという分析や裏事情を伝える報道もなされ、世界遺産決定のプロセスにも光が当たるようになった。

さらに、翌二〇〇八年には、やはり事前審査で登録延期を勧告された「平泉《ひらいずみ》の文化遺産」が、今度は勧告通り登録を見送られ、「日本初の世界遺産落選」のニュースが駆《か》け巡《めぐ》った。なぜ、落ちたのかを取りざたする報道だけでなく、この落選が、これまで世界遺産熱に浮かされていた日本各地の世界遺産登録を目指す地域に、冷水《れいすい》を浴びせる結果となったことも併《あわ》せて報道された。オリンピックやワールドカップサッカーなどの開催地の決定やノーベル賞の受賞決定にも見られるこうした現象は、国際的イベントで日本が主役になれるかどうかに関心が向かいがちなメディアに、格好の話題を提供したことになる。

世界遺産に至るステップ

ひとくちに「世界遺産」というが、そこに至る道筋には、何重ものステップがその裏に隠されている。個人が、「おらが町の自慢を世界遺産にしたい」と夢を持つのももちろん自由であり、それが周囲の賛同を得られれば、その地区で、極私的《ごくし》な「世界遺産登録運動」になる。インターネットには、可能性はともかく、東京・丸《まる》の内《うち》のオフィス街や大阪・万博《ばんぱく》会場跡の太陽の塔を世界遺産に、という真剣な声もある。こうした「なんとなく世界遺産候補」

は、おそらく世界中まで広げれば、数限りなくあるであろう。瀬戸内《せとうち》航路の重要な港として繁栄し、美しい景観を残す広島県尾道《おのみち》市や、豪快な放水で知られる通潤橋《つうじゅんきょう》などの数々の石橋をひと括《くく》りにした熊本県の「肥後《ひご》の石橋」などは、次に述べる「正式な立候補」を果たしていない。しかし、地元では熱い視線を浴びている世界遺産候補である。

日本では、以前は、世界遺産の候補は、国が、具体的には文化遺産は文化庁、自然遺産は現在の環境省・林野庁《りんやちょう》が中心となって選定し、登録までの作業を主体的に行なってきたが、二〇〇六年、文化庁は文化遺産については、各都道府県から推薦を募《つの》る旨のお達《たつ》しを発表、これが世界遺産狂想《きょうそう》曲を本格的なものにした。各都道府県は、自分のエリアの中の目ぼしい観光地や歴史遺産をリストアップ、世界遺産として耐えられるような価値があることを表現する推薦書をしたためて、正式な候補として文化庁に上申《じょうしん》した。これが、次のステップ、「世界遺産国内正式候補」ということになる。

二〇〇六年と二〇〇七年に各都道府県が文化庁に対し、正式に申請したのは三七件（全容は172ページの表5を参照していただきたい）。そのうち、二〇〇六年申請の物件の中から**「長崎の教会群とキリスト教関連遺産」**や**「飛鳥《あすか》・藤原《ふじわら》の宮都《きゅうと》とその関連遺産群」**など五件、二〇〇七年申請の物件の中から**「北海道と北東北の縄文《じょうもん》遺跡群」**など三件が、次のステップ、「世界遺産暫定《ざんてい》リスト」に正式に記載された。ここからが、国際舞台への登場となる。

第一関門は「暫定《ざんてい》リスト」

暫定リストは、いわば世界遺産の正式な予備軍であり、未来の世界遺産の有力候補といってよい。日本では、二〇〇六、〇七年の公募から選ばれた上記の八件のほか、それ以前に文化庁や環境省がすでに暫定リストに載せていた「**彦根城**《ひこねじょう》」「**古都鎌倉の寺院・神社ほか**」なども含め、現在一二件がこのリストに記載されている。そして、このリストは、ユネスコに申請され、ユネスコの世界遺産委員会に正式に受理される。このとき、世界遺産の審議のような厳格な審査はなく、その国が認めれば、自動的にリストに記載される仕組みになっている。各国は、このリストの中から、優先順位の高い順に、ユネスコへ世界遺産としての正式な申請をすることになっており、原則として、まず暫定リストに記載されていなければ申請できない。

とはいえ、暫定リストに記載されたからといって、いつか必ず世界遺産に申請されるかというと、その保証はない。現《げん》に、日本の「彦根城」と「古都鎌倉」は、一九九二年に暫定リストに記載されてから、この本を書いている二〇〇九年九月現在まで、一度も正式な世界遺

③ 知床
(10) 北海道・北東北の縄文遺跡群
① 白神山地
(3) 平泉の文化遺産
(5) 富岡製糸場と絹産業遺産群
8 日光の社寺
「ル・コルビュジェの建築群と都市計画」のひとつ
(9) 国立西洋美術館本館
(1) 古都鎌倉の寺院・神社ほか
(4) 富士山
(8) 小笠原諸島
7 古都奈良の文化財
(6) 飛鳥・藤原の宮都とその関連資産群
1 法隆寺地域の仏教建造物群
10 紀伊山地の霊場と参詣道

日本の世界遺産と暫定リスト

※■～■の番号がついたものは、世界文化遺産
※○～○の番号がついたものは、世界自然遺産
※その他は、正式に暫定リスト入りしている物件

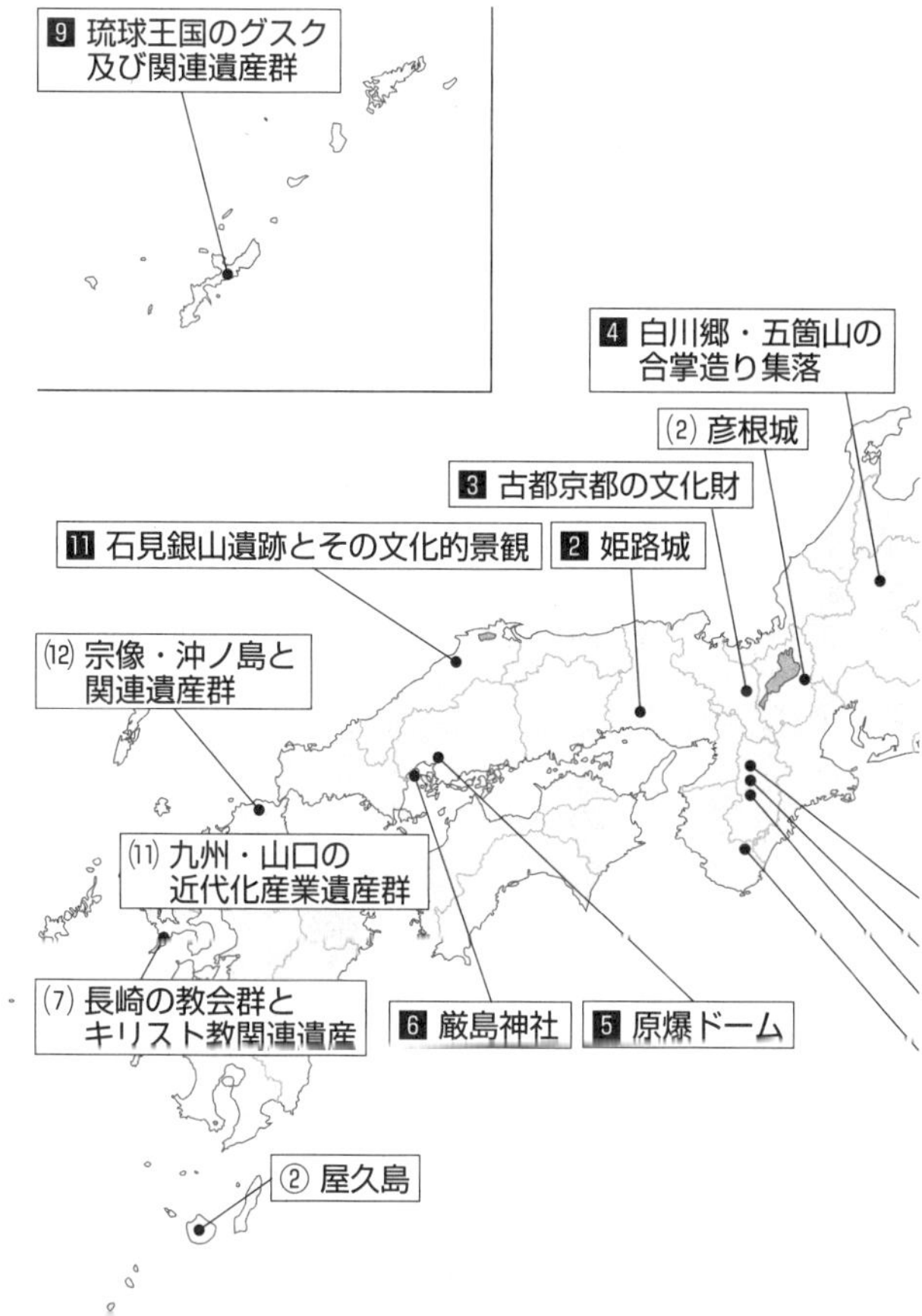

産への申請には至っていないし、今後も具体的なスケジュールが決まっているわけでもない。あとから記載されたほかの物件に次々と追い越されているのが実情である。

この「世界遺産暫定リスト」は、ユネスコ世界遺産センターのホームページで、国別に閲《えつ》覧《らん》できるようになっているが、驚くのは、その数の多さである。日本は、二〇〇九年九月現在の世界遺産登録件数一四件に対し、暫定リスト記載物件は一二件と少ないが、登録数より、暫定リスト記載数のほうがはるかに多いという国が少なくなく、現在世界全体での暫定リスト記載物件は、一〇〇〇件をはるかに超えている。もしこれが全部世界遺産に登録されれば、世界遺産は、全体で二〇〇〇件を超えてしまうのだ。

私は、世界遺産を巡る旅では、できるだけ「暫定リスト」に載ったところにも足を運ぶようにしている。二〇〇八年のポーランドの旅では、バルト海に面した北部の港町グダニスクを、また二〇〇九年のイタリア半島の旅では、ローマから鉄道で一時間ほど北に行ったところにある古都オルヴィエートを訪れた。

グダニスクは、古色《こしょく》蒼然《そうぜん》とした中世そのままのドイツ風の街並みをそっくり残しているだけでなく、ドイツ軍が、かつてダンツィヒと呼ばれたこの町に上陸して、ポーランド侵攻作戦をスタートさせたことで第二次世界大戦の火蓋《ひぶた》が切って落とされ、またこの街にある旧

世界遺産〝候補〟も、こんなに魅力的！

世界遺産ではないものの、風格十分なポーランド・グダニスク（上）と
イタリア・オルヴィエートの大聖堂（下）

レーニン造船所の労働者でのちにポーランドの大統領となるレフ・ワレサが「連帯運動」を起こし、東欧の民主化の先導となったという記念すべき歴史も抱えている、現代史を語るうえでもきわめて重要な位置を占める街である。ちなみに暫定リストに記載された正式名称は、「**グダニスク――記憶と自由の町**」。第二次世界大戦の「記憶」と、抑圧からの「自由」を表わしている。

また、大海に浮かぶ孤島のように、平野に忽然《こつぜん》と聳《そび》え立つ崖上の要塞《ようさい》都市「**オルヴィエート**」の町の中心に聳える大聖堂は、シエナ、アマルフィ、ピサなど、あまたあるイタリアの世界遺産登録済みの大聖堂に引けを取らないどころか、ファサード（正面の壁）の装飾性と巨大さでは、それらを上回るほどのインパクトを与える、まさに「世界遺産級」の大聖堂であることを、その前に立って実感した。これらがいまだ世界遺産になっていないことは、世界遺産の裾野の広がりを示すとともに、世界遺産の登録が本当に客観的な目で世界の優《すぐ》れたものから順番に登録されたのか、思わず疑念を感じさせるほどである。

こうした暫定リストの中から、各国政府は、年に一～二件に絞って、今度は本物の世界遺産一覧表への記載を求めて、世界遺産委員会に正式に記載推薦書を提出する。その詳細は後述するが、こうした流れを経てやっと世界遺産として認められるわけである。

ついに出た「登録抹消」

さて、普通であれば、世界遺産に登録されたところで、「めでたし、めでたし」となるわけで、これが最終段階であるはずなのだが、ここ数年、世界遺産委員会では、ちょっと考えにくいことが起きている。ノーベル賞も金メダルも、一度授与されたら、剝奪《はくだつ》されることはない（オリンピックのメダルは、ドーピングでクロと判定されて、剝奪されたことが過去にあったが）。しかし、世界遺産は、当該国に保護の義務が課せられ、それがきっちり履行《りこう》されなければ、世界遺産リストから抹消されてしまうのである。

世界遺産条約では、遺産が守られない状況に陥《おちい》ったり、陥る危険がある場合、「危機遺産」として、一層の保護を図るという仕組みが謳《うた》われており、保護が十全に行なわれず、遺産の価値が損なわれれば、世界遺産から抹消されることは、概念上はありうることではあった。

しかし、多くの場合、そうしたケースは、発展途上国で資金不足や内戦などで起こるものであり、そもそもそうしたことから人類の遺産を守ろうという世界遺産の理念からすれば、登録を抹消するよりも、当該国が守れないのであれば、国際社会が代わりに守っていくということが、本来、世界遺産という考え方のベースに流れているはずである。

実際、例えば、アフガニスタンのバーミヤンの大仏は、タリバーンに爆破されて初めて緊急措置《そち》として世界遺産に登録（遺産名は、「**バーミヤン渓谷の文化的景観と古代遺跡群**」）されている。そのことを考えれば、危機に陥っているからこそ、救いの手を差し伸べるのが世界遺産の精神のはずであろう。

オマーンとドイツの取り消し物件

ところが、二〇〇七年に、アラビア半島のオマーンにある「**アラビアオリックス保護区**」、そして、二〇〇九年には、ドイツ東部の「**ドレスデン・エルベ渓谷《けいこく》**」と、相次いで登録が取り消された。世界遺産の段階ということでいえば、「元・世界遺産」なる物件が新たに登場したといってよいだろう。

「アラビアオリックス」とは、かつてはアラビア半島やその周辺の砂漠に住んでいた小型の鹿の仲間で、真っ白な身体に、長い二本の角を持ち、神話に登場するユニコーンのモデルとも言われる美しい動物である。しかし、野生種はすでに絶滅しており、オマーン政府は、アメリカで飼育されていたアラビアオリックスを譲り受け、保護区を設けて、野生に返す試みを始めた。しかし、保護区内に有望な鉱物資源が発見されたため、オマーン政府は、保護区を縮小して資源を発掘するほうを選択、ユネスコは、オマーンに保護区の保全の意志なしとして世界遺産の取り消しを決定、オマーン政府もそれを受け入れた。ちなみに、オマーンは、日本より狭い砂漠の国だが、ほかに四件の世界遺産を抱えている。この保護区は、危機的な状況にある遺産をリストアップする「危機遺産」に記載されることなく、いきなり抹消となった。

一方、二〇〇九年に登録抹消となった「ドレスデン・エルベ渓谷」は、かつてのザクセン王国の首都で、ツヴィンガー宮殿をはじめ、壮麗な建造物が残る旧市街だけでなく、市内を流れるエルベ川沿いに残る景観も併せて世界遺産に登録された。このエルベ川に交通渋滞の緩和のため橋を架《か》ける計画が持ち上がったことから、世界遺産取り消し問題が浮上したのだ。今度は、途上国の自然遺産ではなく、先進国、しかも景観や環境への配慮は国際的に見ても最も進んでいると考えられているドイツでのできごとだっただけに、注目が集まった。

実は、ドイツには、ドレスデンのほかにも、危うく登録を取り消されかけた世界遺産がもう一件ある。ドイツ西部、ライン川沿いの大都市ケルンにある「**ケルン大聖堂**」である。

景観論争の果てに

高さ一五八メートルという、三〇階建て以上の高層ビルにも匹敵する尖塔《せんとう》が街並みを睥睨《へいげい》するケルン大聖堂は、ゴシック建築の最高峰とも称され、まさにキリスト教建築の頂点に立つ聖堂の代表例である。壁と天井の重みを、飛梁《とびはり》と呼ばれる構造物で壁の外に逃がすことにより、内部に柱のない広大な空間が確保され、神の存在を喚起《かんき》させる大空間を持つ教会が生まれた。そして、より天の高みに近づくため、教会の尖塔は競うように上へ上へと高くなっていった。未完だったケルン大聖堂の塔は、一八八〇年に完成し、統一したばかりのドイツの象徴ともなった。

この「天に近づく高さ」というゴシックの特徴を持つ教会のまわりに、その景観を損なう高層ビルの建設計画が持ち上がり、ユネスコは、警告を発した。高い塔を持つケルン大聖堂の空中景観をさえぎるビルの建設を続行するならば、世界遺産の登録を取り消すと。

私がケルン大聖堂を訪れたのは、まさに、この取り消し騒動の真っ只中にあった二〇〇五年九月のことであった。ドイツ国鉄の列車は、父なる川ラインを、ケルン大聖堂の正面にぶつかるようにして鉄橋で渡ると、今度は大聖堂を避けるように、大きく右へカーブして、ケルン中央駅に停車する。駅前に降り立つと、覆《おお》い被《かぶ》さるように巨大な大聖堂が聳《そび》え立っていて、その圧倒的な存在感に声を失う。ケルンは、ドイツ第四の大都市で、近代的なビルも少なくないが、大聖堂の塔に登った限りでは、大聖堂の景観を脅《おびや》かすような高層ビルは見当た

街を圧するケルン大聖堂。旧市街の中心部にこれより高い建物はない。その偉容こそが重要な景観なのだ(写真提供/ JTB photo)

らなかった。このとき、まさに景観を巡って、ケルン市では、厳しい議論が続いていたのである。

ケルン大聖堂は、二〇〇四年に、先進国の文化遺産としてはきわめて珍しい「危機遺産」リストに掲載され、最終的にはケルン市が高層ビルの高さ制限を打ち出し、ケルン大聖堂の世界遺産取り消しは免《まぬが》れ、危機遺産からも脱した。その二〇〇六年、今度は二〇〇四年に登録されたばかりの「ドレスデン・エルベ渓谷」が、ケルン大聖堂の身代わりにでもなったかの如く、危機遺産に入ってしまったのだ。

世界遺産より橋を選んだドレスデン市民

ヨーロッパの大河は、重要な河川交通の一翼を担《にな》うこともあり、一般に橋が少ない。ドナウ川やライン川に架かる橋は、重要な都市の周辺に限られる、といっても過言ではない。ドレスデンの町を貫いて流れるエルベ川は、さして川幅は広くないが、新市街の人口の増大などから、川の両岸を結ぶ新たな橋の建設が求められてきた。しかし、ユネスコは、歴史地区だけでなく、川沿いの景観も重要な世界遺産の要素と考えていた。計画が持ち上がると、景観を台無しにする橋の建設が強行されれば、世界遺産登録を取り消すという勧告が出され、以後毎年の世界遺産委員会で進展状況が報告された。例えば、橋ではなく、川をくぐるトンネルであれば問題ないなど、代替案も検討されたが、予算面の問題もあり、結局、橋の建設が決まった。そして、警告通り、ユネスコは「ドレスデン・エルベ渓谷」の世界遺産を取り消したのである。ちなみに、市の中心部には以前から橋があり、それは問題になっていない。

この登録抹消を地元の市民やドイツ国民はどう受け止めたのか。もともと、橋の建設の賛否を問う住民投票では、市民の七割近くが建設に賛成であった。ただ、ドイツの代表的なニュース雑誌であるシュピーゲルによれば、その際、市民は橋が建設されれば、世界遺産を取り消されることは知らされていなかったという。登録抹消の発表直後に、地元の口刊紙が登録取り消しをどう思うかアンケート調査を行なっている。それによれば、世界遺産リストへの復帰を望む市民は六四パーセント、とくに一八歳から二九歳の若年層に限れば、およそ七四パーセントが再登録を望むという結果が出ている。

しかし、市民の受け入れはおおむね冷静であり、ドイツ全体でいえば、州ごとの連合体というお国柄もあるだろうが、このニュースに対しては冷淡といってもいい反応であった。もし、日本で世界遺産取り消しということになれば、地元だけでなく、全国レベルで大きなニュースになり、相当な騒ぎになっているのではないだろうか。

抹消候補はほかにも

ドイツでは、ドレスデンだけでなく、二〇〇二年に世界遺産に登録された「**ライン渓谷**」でも、やはり橋の建設計画が持ち上がっており、議論が巻き起こっている。しかも、その橋は、ライン川でも最も有名な景勝地のひとつ、伝説のローレライの岩の近くという、まさに世界遺産のど真ん中への架橋《かきょう》であり、ドレスデンの例を持ち出すまでもなく、もしこの計画が実現すれば、さらなる「元・世界遺産」を誕生させることになろう。

こうした危機は、ドイツばかりでなく、二〇〇七年に世界遺産に登録されたばかりのフランス西部の「**ボルドー　月の港**」という世界遺産物件でも、港を形成するガロンヌ川に架橋計画が持ち上がり、ユネスコは、二〇〇八年の世界遺産委員会で、監視の強化を提言している。

いずれにしても、世界遺産の段階としては、「元・世界遺産」という、あまり歓迎したくないカテゴリーが登場してしまった。読者なら、この「元・世界遺産」を見に行こうと思われるだろうか。

世界遺産を取り消されても、ザクセン王国の首都として、エルベ川の水運を利用して栄えた都の輝きは当然随所に残っているし、観光の中心ツヴィンガー宮殿のほかにも、「君主の

エルベ川の河岸には、美しい建築が並ぶ（写真提供／うーさん）

世界遺産登録取り消しの原因となった
架橋建設現場（写真提供／松浦利隆）

行列」と題された壮大な壁画が残るドレスデン城や、ゼンパーオペラの愛称で名高いザクセン州立歌劇場など、その旧市街には、錚々《そうそう》たる歴史建築が目白押しだ。世界遺産に列せられるだけの普遍的価値を十分持った町であろう。世界遺産委員会でも、世界遺産は取り消すが、ドレスデンの町そのものには、顕著な普遍的価値があり、エルベ渓谷を切り離した再提案を受け付ける可能性を示唆している。

なお、こうした景観と利便性の相克《そうこく》は、対岸の他所事《よそごと》ではない。世界遺産の暫定リストに記載されている神奈川県鎌倉市では、テレビの地上デジタル放送化に伴って、新たなデジタル中継局、つまり鉄塔の建設が必要になった。ところが、建設予定地は、古都保存法に基づいて鎌倉市が定めた「特別保存地区」に指定されているため、原則として建物の新築は認められない。市では、世界遺産登録を目指していることから、いくらテレビ放送のためとはいえ、例外扱いできないと、建設を目指す国に対し、ノーを突きつけている。テレビの電波が届くという利便性か、世界遺産のための景観か、自分の住む地区で同じ問題が起きたら、どう考えたらよいのだろうか。生活と世界遺産は両立するのかという問題は、このあとも繰り返し登場する、世界遺産の抱える根源的な課題のひとつである。

瀬戸内・鞆《とも》の浦《うら》でも架橋論争

二〇〇九年一〇月一日、広島地方裁判所で、架橋と景観保護を争う論争に画期的な判決が下された。

瀬戸内海の代表的な景勝地、福山《ふくやま》市鞆の浦の埋め立て・架橋計画に反対する住民が、「歴史・文化的景観が失われる」として、広島県を相手取り、埋め立て免許の差し止めを求めた訴訟があった。地裁は鞆の浦の景観を国民の財産としたうえで、埋め立てによる景観への影響は重大で、裁量権の逸脱《いつだつ》とし、原告の訴えを認めて、県に工事の差し止めを命じたのである。改正行政訴訟法に基づき、景観保全を理由に着工前の工事の差し止めをはじめて命じた画期的な内容として、大きく注目された。

このまま進めば、交通の利便を考えて架橋を選んだドレスデンと同じ道を歩んだかもしれない鞆の浦。鞆の浦は、世界遺産の正式な候補ですらないが、地元には、以前から世界遺産への登録を目指すグループが活動を続けていた。江戸時代、北前船《きたまえぶね》が寄港し、朝鮮通信使が定宿とした歴史と、典型的な瀬戸内の多島海《たとうかい》の景観は、この本で何度も登場するイコモスもその重要性を認め、国際的な会合の場で三度にわたり、埋め立て・架橋の中止を勧告してきた。

イコモスは、後述するように、世界遺産に登録された物件の保護施策や申請物件の審査だけでなく、重要な遺跡や建造物の価値が失われかねない事例については、世界遺産であるなしにかかわらず、こうした勧告を出すことがある。

ほかの地域では率先して世界遺産の登録運動を進めている行政側自体が、埋め立て計画の当の推進者であるがため、いまは広島県や福山市には世界遺産登録の動きはないが、この判決で、風向きが変わる可能性もある。アニメ映画『崖《がけ》の上のポニョ』の構想を鞆の浦で練《ね》ったといわれる宮崎駿《みやざきはやお》監督、すぐ近くの尾道出身で地元を舞台にした映画を何本も撮っている大林宣彦《おおばやしのぶひこ》監督、鞆の浦からそう遠くない生口島《いくちじま》出身で日本画壇の重鎮《じゅうちん》平山郁夫《ひらやまいくお》ら、著名な文化人のサポートも得て、鞆の浦は、開発計画をストップして貴重な景観を守ることで、世界遺産への本格的なスタートを切ることになるかもしれない（ただし広島県は、この判決を不服とし控訴に踏み切った）。

彗星《すいせい》のように登場した世界遺産候補、国立西洋美術館本館

こうしたステップを踏んで登録へと、あるいは抹消へと至る世界遺産だが、そんな中で、また新たな世界遺産候補が、まだ世界遺産がひとつもない日本の首都・東京に登場した。上

瀬戸内を代表する景勝地・鞆の浦の架橋予定地（点線で示したところ）。橋の周囲の湾も埋め立てられる（写真提供／共同通信社）

野の森にたたずむ「国立西洋美術館本館」である（本館と限定するのは、ほかに、新館と企画展示館があるため）。ほんの数年前まで、世界遺産の「せ」の字も感じさせなかったこの建物が、突如として世界遺産暫定リストに記載されたのは、二〇〇八年のことであった。

ＪＲ上野駅の公園口を出、駅前の横断歩道を渡ると目の前に建つ東京文化会館と通路を挟んで相対する一見地味な建物が、国立西洋美術館本館である。竣工《しゅんこう》は、一九五九年（昭和三四年）、まだ完成して五〇年あまりと比較的新しい。上野の森には、この西洋美術館よりもはるかに規模も建築様式も立派に見える東京国立博物館の本館（一九三八年竣工）や表慶《ひょうけい》館（一九〇八年竣工、国の重要文化財）などがあって、素人目にはこちらのほうが世界遺産に近いように見えてしまうが、そう単純ではないところが世界遺産の一筋縄《ひとすじなわ》ではいかない点である。

国立西洋美術館本館

国立西洋美術館本館の設計者は、スイス生まれでのちにフランスを拠点に活躍したシャル＝エドゥアール・ジャンヌレ＝グリ。しかし、この本名よりも一般には通称のほうがはるかに知られている。そう、ル・コルビュジェ（一八八七〜一九六五）である。彼は、ピロティ（地上部分が柱以外、外部空間となった構造）、屋上庭園、自由な平面、水平連続窓、自由な立面という近代建築の五原則を提唱し、二〇世紀の建築の旗手《きしゅ》のひとりとなった。ミース・ファン・デル・ローエ（彼が設計したチェコの「**トゥーゲントハット邸**」は、世界遺産に登録されている）、フランク・ロイド・ライト（彼の建築群は、アメリカの世界遺産暫定リストに名を連ねている。日本では、博物館明治村に移築された帝国ホテルなどを設計）とともに、二〇世紀の三大建築家とも呼ばれている。

ル・コルビュジェは、出身地のスイスや活躍したフランス以外にも、世界各地に多くの建築物を残しており、それらのうち代表的なもの二二点を、フランス政府が音頭を取って、一括して「**ル・コルビュジェの建築群と都市計画**」の名で、世界遺産候補として暫定リストに登録し、世界遺産委員会に正式に申請をしたのである。日本の国立西洋美術館本館は、フランス主体の候補にいわば「便乗」する形で、世界遺産候補となったわけである。そして、二〇〇九年の世界遺産委員会で、登録の可否を審議されることになった。ところが、結果は、「情報照会」――つまり、登録には至らなかった（「情報照会」の意味などは、この後の項で詳述）。

またしても、記載延期勧告

実は、私は、このル・コルビュジェの建築群は、あっさり世界遺産に登録されるものだと思っていた。というのも、フランスはユネスコの本部のある国であり、しかもパリにあるユネスコの本部ビルの設計の総指揮を執《と》ったのは、他ならぬこのル・コルビュジェという因縁があったからだ（実際の設計は別の建築家が行なっている）。

しかし、この建築群には、世界遺産の登録基準に照らして、弱点がいくつかあった。

まず、これまでも二〇世紀の建築家の建物はいくつか世界遺産になっているが、大陸を超えて広がる二〇もの、しかもそれぞれは特につながりがない建築群を、いくら同じ建築家が設計したとはいえ、ひと括りに一件の世界遺産にできるのかという問題。これまでも、「**ワイマールとデッサウにあるバウハウスとその関連遺産群**」（ドイツ）のように、同一国内の二カ所に分散している同様の建築物群を一件の世界遺産にしたり、フランスとベルギーにまたがる鐘楼《しょうろう》群、あるいは、ドイツとイギリスに別個にあるローマ時代の防塁《ぼうるい》をひとつの世界遺産として登録するということはたしかにあった。しかし、今回は、ヨーロッパのみならず、アジアや南米大陸の建物まで含まれている。世界遺産の概念の変更もしくは拡大をも招きかねない物件であった。

しかも、この二二の建築群には、彼の最大の功績であり、また世界遺産的な観点からすれば、都市計画にかかわるという点で無視しえない、インドの「チャンディガールの都市」が含まれていない（当初含まれていたが、最終的に今回の申請では見送られた）。これらの資産構成で本当に十分なのか、という点が議論されたのは、想像に難くない。

かくして、昨年の「平泉」に引き続き、国立西洋美術館本館を含む「ル・コルビュジェの建築群と都市計画」も、事実上の見送りとなったわけである。

国立西洋美術館本館の世界遺産登録は、前述したように、長年の地元の活動の結果ではなく、降《ふ》って湧《わ》いた話だったため、落胆の度合いも平泉に比べれば小さかったようだが、いずれにせよ、日本から見れば、二年続けての「落選」ということになってしまい、世界遺産関係者のショックは計り知れないし、世界遺産が曲がり角に来ていることを実感せざるを得ない事態となった。

また、いくら棚ぼたとはいえ、地元の台東区《たいとう》では、やはり世界遺産登録への期待も大きくなっていた。東北、上越、長野の各新幹線の開業により、かつては、東北や上信越地方への玄関口としてひっきりなしに東北線、高崎《たかさき》線の特急が行き交《か》っていた上野駅は、今かろうじて、常磐《じょうばん》線の特急と群馬県へ向かう特急（と北斗星など一部の寝台特急）が優等列車として運行されるのみで、ターミナル機能が著しく低下しているうえ、パンダがいなくなった上野動物園の人気の落ち込みも激しい。また、かつて東京最大の歓楽街、娯楽街だった浅草も、にぎわいを秋葉原や新宿、渋谷に取って代わられ、今ひとつ元気がない台東区にとって、東京初の世界遺産は、地域振興に願ってもない追い風だったはずである。

一方、ル・コルビュジェの生地《せいち》は世界遺産に

ル・コルビュジェは、彼が設計した建築物が二〇世紀の代表的なモニュメントというだけでなく、彼の薫陶《くんとう》を受けた弟子たちが、日本では、西洋美術館の向かいに建つ東京文化会館や国立国会図書館を建てた前川國男《まえかわくにお》から、丹下健三《たんげけんぞう》、さらには、磯崎新《いそざきあらた》、黒川紀章《くろかわきしょう》へと続く巨匠の系譜を生み、海外では、無人の荒野から最先端の人工都市「ブラジリア」（八七年世界遺産登録）を創造するなど、実に貢献多大であり、彼の作品が人類の普遍的価値たるものへ授けられる世界遺産に値するということに、異論を挟《はさ》む人は少ないであろう。フランスだけでなく、生地のスイスでも、その功績は高く評価されており、一〇スイスフラン札には彼の肖像が印刷されていることからも、そのことがうかがえる。

余談だが、「ル・コルビュジェの建築群と都市計画」が登録見送りになった二〇〇九年の

世界遺産委員会で、新たに登録された世界遺産の中に、ル・コルビュジェの生地が含まれている。「**ラ・ショー＝ド＝フォンとル・ロクル――時計製造都市の都市計画**」という物件のうちの、ラ・ショー＝ド＝フォンという町が彼の出身地である。この二つの町を含むスイス西部のジュラ山脈の麓《ふもと》は、「ウォッチバレー」と呼ばれ、高級精密時計メーカーがひしめく世界一の時計産地である。ル・コルビュジェの父も、まさにこの町の主要産業である時計製作の職人であった。ル・コルビュジェは、視力がもともと弱かったため、父の職業を継《つ》ぐのを断念し、建築家を志《こころざ》したといわれている。そして、この町にも、彼が設計した建物がいくつか残り、そのうちの二つが世界遺産候補「ル・コルビュジェの建築群」にも含まれている。つまり、二二件に及ぶル・コルビュジェの建築群の世界遺産登録は見送られたが、彼の生地、彼の実家の職業、彼の設計した建物の残る町は、まったく別の物件として、世界遺産に登録されたのだ。これは皮肉と見るべきなのか、プラスマイナスでバランスを取ったということなのか、いかにも不思議な縁の世界遺産物語であった。

世界遺産委員会の登録に関する四つの宣託《せんたく》

話がかなり飛んでしまった。世界遺産の登録に戻そう。年に一度開かれる世界遺産委員会では、申請された世界遺産候補に対して、一件一件議論して、結論を出す。全会一致で簡単に決まることもあれば、一時間近く議論して、多数決の末、ようやく決着することもある。

ここで出される結果は、四通り——「記載（登録）」「情報照会」「記載（登録）延期」「不記載決議」である。

「記載」は、最もわかりやすく、つまりは合格、ということであり、これで晴れて世界遺産に登録される。厄介《やっかい》なのは、それ以外の三つの決議、「情報照会」「記載延期」「不記載決議」となったときである。同じ「落選」でも、そのレベルが大きく異なるのだ。

「記載」の反対が、「不記載決議」。これは、世界遺産になるには、「重大な欠陥」がある、つまり現時点では、「世界遺産の資格なし」というきわめて厳しいお達しである。この烙印《らくいん》を押されると、よほどのことがない限り、次回以降もう一度審議《しんぎ》を受けることは難しい。

その間にあるのが、「情報照会」と「記載延期」である。前者は、世界遺産に登録されるべき価値は認められるが、「顕著な普遍的価値」を証明するために、さらなる情報が必要、というような意味で、今年は登録しないが、弱点を補強する資料を提出すれば、再度の現地調査を経なくても、翌年以降、もう一度審査しますよ、ということである。日本の国立西洋美術館本館を含む「ル・コルビュジェの建築群と都市計画」が二〇〇九年の世界遺産委員会で受けた宣託《せんたく》はこれにあたる。

そして、「平泉」が宣告されたのが、「記載延期」。これは、今回の推薦書では、登録できるだけの価値が認められない、もう一度、推薦書を書き直してください、という意味である。ということは、翌年の審査物件の締め切りはすでに、当該年の一月に終わっているので、翌年一月までに推薦書を書き直しても、審査されるのは翌々年ということになる。「早くても二年後に、出直してきてください」というわけだ。とはいえ、翌年一月までは、半年程度しかないので、推薦書を根本的にリライトするには、時間が足りない。平泉も、二〇〇八年七月に「記載延期」を言い渡され、半年での軌道修正は無理と判断し、二〇一〇年の推薦書再提出、二〇一一年の世界遺産委員会での再審議を目指すことにした。つまり、三年後の再チャレンジとしたわけで、「記載延期」とは、早くても二～三年延期ということを意味するわけである。しかももう一度、事前の現地調査を受ける必要がある。新規申請と同様のエネルギーを要するのだ。

記載延期となった平泉については、第四章で詳しく述べる。

第三章

そもそも世界遺産とは何なのか？

世界遺産のはじまり

これまで見てきたように、大きな影響力や知名度を持つようになった世界遺産。古くから存在していたようでもあるし、わりと最近知られてきた印象もあるが、歴史は、まだ浅いといってよいだろう。

初めての世界遺産が誕生したのが、一九七八年（昭和五三年）。ドイツの「**アーヘン大聖堂**」やポーランドの「**クラクフ歴史地区**」など、わずか一二件でのスタートだった。日本で初めての世界遺産が登録されたのが、世界遺産の誕生から遅れること一五年の一九九三年（平成五年）である。そのころは、日本では、世界遺産といっても、登録された地元と文化財関係者の一部しか関心がなかった状況であった。

世界遺産が誕生するきっかけについては、世界遺産の基礎的な紹介の本には、必ずといってよいほど丁寧《ていねい》に記されているので、ここでは詳しくは書かないが、エジプトを流れるナイル川の上流に建設されることになったアスワン・ハイ・ダムにより、アブ・シンベル神殿など、ヌビア地方にあるエジプト古王国時代の遺跡が水没することになり、遺跡を守るため、全世界に向けて、ヌビア遺跡救済のキャンペーンがユネスコによって始まった。一九六〇年のことである。

巨大なアブ・シンベル神殿は、細かいブロックに切断され、ダム湖を見下ろす高台に移設、この成功がきっかけで、歴史的な遺産を国際協力のもとで保護していく重要性が認識され、一九七二年のユネスコ総会で、「世界の文化遺産および自然遺産の保護に関する条約」、略して、「世界遺産条約」が採択された。

この条約が成立する際に、意外に知られていないのは、アメリカの果たした役割である。ユネスコが文化財の国際援助の枠組みの原案をまとめたころ、アメリカでも、自然と文化の両方の遺産を包括する世界遺産トラストを提唱していた。ユネスコが、ヌビア遺跡救済の経験から、どちらかといえば、国際援助が必要な物件のリスト作りを考えていたのに比べ、アメリカは国際社会が重要だと考える遺産をリストアップしようという、現在の世界遺産リストに近い概念を提唱《ていしょう》していた。結果として、アメリカ型の世界遺産リストがメインに、その中で特に保護を必要とする、ユネスコ提唱のリストが、現在の「危機遺産リスト」（第六章で詳述）となって、現在に至っている。

三八条からなる世界遺産条約の条文のうち、最も重要な、条約の締約国に課せられた第一の義務は、自国内の文化・自然遺産を認定・保護することであり、そのために必要な立法や国内機関の設置を求めていること、そして、アブ・シンベル神殿を救済したように、他国内の保護活動に対する国際的援助を求めていることであろう。つまり、最大のキーワードは「保護」ということである。

世界遺産は、その後順調に、あるいは飛躍的にといってよいほど増加し、二〇〇九年九月現在で八九〇件。また、世界遺産条約の締結国は同年現在一八六カ国で、国際条約の締結国としては、最も多い条約となっている。世界で最も成功した条約であるといわれるのは、この締結国の多さと、世界遺産そのものの注目度が寄与していることはいうまでもない。

世界遺産で知名度アップのユネスコ

世界遺産への関心の高まりは、登録された建物や風景だけでなく、ユネスコそのものや年に一度開かれるユネスコ世界遺産委員会への関心も高めている。世界遺産の認知度がそれほどでもない頃、ユネスコよりも同じ国連機関で名前の似たユニセフ（ＵＮＩＳＥＦ＝国際連合児童基金）のほうが知名度は上だった。黒柳徹子《くろやなぎてつこ》（ユニセフ親善大使）やアグネス・チャン（日本ユニセフ協会大使）などのユニセフ活動がメディアでよく取り上げられたせいもあろう。海外でも、ユニセフ親善大使は、有名人が目白押しで、これまで俳優のジャッキー・チェン、ミア・ファロー、サッカー選手のデビッド・ベッカム、指揮者のサイモン・ラトルなどが任命されている。〇九年一〇月には、映画「ロード・オブ・ザ・リング」や「パイレーツ・オブ・カリビアン」シリーズへの出演などで知られる人気イギリス人俳優オーランド・ブルームに新たに白羽《しらは》の矢が立った。

しかし、世界遺産がクローズアップされて、取り上げられるたびに、「ユネスコの世界遺産」という冠《かんむり》が付けられて、人口に膾炙《かいしゃ》するようになった。ユネスコの知名度は、ユニセフに勝るとも劣らないまでに高まってきたといえるだろう。逆に、世界遺産以外のユネスコの活動は、なかなか報道されず、「ユネスコ＝世界遺産」というような図式が広がってきていることは、ユネスコ関係者にとっては、残念なことかもしれないが。

そして、世界遺産の登録の可否を審議するユネスコの世界遺産委員会も、第一章で述べたように、日本のメディア関係者や研究者、登録運動の担当者などが訪れるようになり、その情報が広く発信されるようになった。

世界遺産委員会は、世界遺産条約を締結している一八六カ国から選ばれた二一の委員国の中から、毎年持ち回りで開かれる。ちなみに、〇九年の世界遺産委員会を構成する委員は、アルファベット順に、オーストラリア、バーレーン、バルバドス、ブラジル、カナダ、中国、キューバ、エジプト、イスラエル、ヨルダン、ケニア、韓国、マダガスカル、モーリシヤス、モロッコ、ナイジェリア、ペルー、スペイン、スウェーデン、チュニジア、アメリカ合衆国となっており、アフリカから七カ国、アジア・中東からそれぞれ五カ国と、先進国に偏《かたよ》らないように配慮されている。委員の任期は原則として六年、二年ごとに七カ国の委員が改選される。ただし、より多くの国が委員を務められるよう、自発的に四年で交代するのが慣例となっている。日本も、二〇〇七年まで委員を送り出していた。〇九年一〇月末には、また委員の改選が行なわれ、先に挙げた国のうち、韓国、アメリカなど一二カ国が降り、イラク、アラブ首長国連邦などが加わった。半数以上が代わったことになる。ちなみに委員の多くは、国連の大使が務める。つまりは、外交官である。

そして、二〇〇九年の世界遺産委員会の開催地は、スペインのセビリア。その前年はカナダのケベック・シティ。セビリアは大聖堂などが、ケベック・シティは中心部の歴史地区が世界遺産に登録されている。つまり、世界遺産委員会は、それ自身が世界遺産の登録地で開かれるケースが多い。日本では、一九九八年、やはり市内に世界遺産に登録された社寺・城《じょう》郭《かく》を持つ京都市で開かれている。

2009年にセビリアで行なわれた世界遺産委員会の模様。『大陸間幹線道路における水銀と銀の分離』がプレゼンテーションされているところの正面スクリーンには、その構成物件である「サン・ルイス・ポトシ」（メキシコ）が写し出されている。この候補の審議結果は「情報照会」であった（写真提供／松浦利隆）

誰が世界遺産を決めるのか？

ここで、世界遺産の登録に至る大まかな道筋を確認しておこう。

その国の物件を世界遺産に登録したい場合には、その国が世界遺産条約を批准していなければならない。さきほど、条約締結国は一八六カ国と記したが、国連加盟国はもっと多いので、国連に加盟しながら、世界遺産条約を批准《ひじゅん》していない国があることがわかる。シンガポール、ブルネイ、リヒテンシュタインなどである。台湾は、国連未加盟のため（というより、国連の常任理事国中国が「台湾は中国の一部」という立場であるため）、いまだ台湾には一件も世界遺産は存在しない。

まず、それぞれの国が、自国で世界遺産に登録したい物件をリストアップし、ユネスコに報告する。これが第二章で述べた暫定《ざんてい》リストである。そして、そのリストの中から、各国は、登録したい物件を一～二件選び、審議してほしい世界遺産委員会の開催の前年の一月くらいまでに、正式な推薦書を提出する。例えば、二〇〇九年の世界遺産委員会で審議されたものは、二〇〇八年一月までに提出されていたことになる。

それらの物件の価値や保護状況については、世界遺産委員会ではなく、別の専門機関が事前に現地調査を行ない、登録にふさわしいかどうかの勧告を出す。この勧告も世界遺産委員会の決定と同様、四つの段階がある。その勧告をベースに、世界遺産委員会の委員がそれぞれの物件を審議して、最終的に登録するかどうかを決定する、そういう複雑な仕組みになっている。したがって、世界遺産委員会の各委員は、ほとんどの場合、事前に候補の物件を直接見ていない、ということになる。

ちなみに、オリンピックの開催地を決める投票権を持つ国際オリンピック委員会（IOC）の委員も、買収などを防ぐため、候補都市を訪れることは原則として禁止されているが、そのIOC委員がメンバーの主体となるオリンピック評価委員が候補都市をまわって、競技会場予定地などを視察し、開催計画の評価を行なう。その評価が重要な要素になるのは、イコモスの調査と同様だ。

文化遺産については、このイコモスと呼ばれる組織が、自然遺産については、国際自然保護連合（IUCN）が、それぞれ事前調査を行なっている。

事前調査は大勢で行なわれるわけではなく、基本的には、一人の専門家が候補物件を見て、調査結果を持ち帰り、複数の専門家で答申を作成する仕組みになっている。実際に候補物件を見た専門家がどう判断するか、それだけで決まるわけではないが、その報告の占めるウェイトは小さいとは言えないだろう。

イコモスとは？

あまり聞き慣れない、この「イコモス」という組織、文化遺産の分野では、にわかに存在感が増してきた。簡単に解説しておきたい。正式名称は、国際記念物遺跡会議。記念物とは、歴史的な建造物のことである。英語では、International Council on Monuments and Sites――この頭文字をとって、イコモスと呼んでいる。一九六四年にユネスコの支援を受けヴェネツィアで開かれた第二回歴史記念建造物関係建築家技術者国際会議で、記念物と遺跡の保存と修復に関する国際憲章、いわゆるヴェニス憲章が採択された。これを受けて翌年に設立された国際的なNGOがイコモスである。

現在、参加国はおよそ一一〇カ国で七千人ほどの委員がいる。委員の多くは、考古学や建築、美術など文化財の保護にかかわる研究者を中心とした専門家。それぞれの国で、国内委員会が組織され、日本でも三〇〇人ほどの委員を抱えている。本部には、「文化的景観」や「水中遺跡」「歴史的町並み」など、三〇近い学術委員会が設けられ、それぞれ活動している。世界遺産リストの登録・推薦物件の審査や世界文化遺産の保全状況を監視したりするほか、世界遺産条約の締結《ていけつ》国から出された国際援助要請の審査なども行なう。

また、最近では、世界遺産登録を目指す地域が、専門的な視点から課題を聞きたいという目的で、海外のイコモス委員を招聘《しょうへい》するケースが増えてきた。直近では、二〇〇九年八～九月に、富士山の世界遺産登録を目指す静岡県と山梨県による両県合同の登録推進会議が、イコモスの海外委員五人を招待、静岡県富士宮《ふじのみや》市の富士山本宮浅間《ほんぐうせんげん》神社や山梨県の富士五湖などを見てもらい、感想や見解を聞くなどしている。

世界遺産独特の「普遍《ふへん》的価値」

世界遺産のことを学び始めると、あるいは、世界遺産の登録を目指す運動に手を染めると、まず早い段階で、「顕著な普遍的価値＝Outstanding Universal Value」という言葉が立ちはだかる。国家の間を超えて地球規模で人類全体にとって、現代および将来世代に共通した重要性を持つような、傑出した文化的、自然的価値のことを指し、訳知《わけし》り顔に、「この物件は、ＯＵＶが足りないんだよね」などと、略称で登場することもあるほど、世界遺産にとっては、基本的概念であり、つまりは、これが世界遺産登録の要件となる。

世界遺産条約の第一条には、文化遺産の定義が、第二条には、自然遺産の定義が列挙されているが、その文末には、必ず、「……歴史上、芸術上又は学術上顕著な普遍的価値を有するもの」で終わっている。

なるほど顕著な普遍的価値がないと、世界遺産には登録されないのだ。イコモスやIUCNの事前審査でも、対象物件に、この顕著な普遍的価値があるかどうかが鍵となってくる。そして、これを具体的に示すのが、表1に示した一〇の「登録基準」である。

この登録基準は、世界遺産検定試験では必須の暗記項目なので、私も必死に覚えたのだが、実は、二〇〇六年以前は、文面がかなり違っていた。また、（i）～（vi）は、文化遺産の登録基準、（vii）～（x）は、自然遺産の登録基準だが、このように特に文面上の区別はなく、（i）～（x）としてひとくくりにされている。しかし以前は、明確に、自然遺産の登録基準（i）～（iv）と文化遺産の登録基準（i）～（vi）とに分けられていた。実質的には違いはないのだが、「絶対的」であるべき登録基準も、このように揺らいでいるひとつの証左《しょうさ》となっている。

ちなみに、いくらなんでもこの一〇項目を全文覚えるのは至難の業《わざ》なので、キーワードだけに絞り、（i）から順に、傑作、影響力、証拠、類型、伝統集落と土地利用、関連性、自然美、地球の歴史、生態系、希少生物、としておけば、何とか記憶できそうだ。

これらのどれかひとつでも満たせば、世界遺産への道が開けるわけであるが、例外的に（vi）については、「この基準だけでの登録は望ましくない」と謳《うた》われている。ただ、実際に

表1　世界遺産の10の登録基準

<table>
<tr><td>（ⅰ）</td><td>人間の創造的才能を表す傑作であること。</td><td rowspan="6">とくに文化遺産の登録基準</td></tr>
<tr><td>（ⅱ）</td><td>建築、科学技術、記念碑、都市計画、景観設計の発展に重要な影響を与えた、ある期間にわたる価値感の交流、またはある文化圏内での価値感の交流を示すものであること。</td></tr>
<tr><td>（ⅲ）</td><td>現存するか消滅しているかにかかわらず、ある文化的伝統または文明の存在を伝承する物証として無二の存在（少なくともけう稀有な存在）であること。</td></tr>
<tr><td>（ⅳ）</td><td>歴史上の重要な段階を物語る建築物、その集合体、科学技術の集合体、あるいは景観を代表する顕著な見本であること。</td></tr>
<tr><td>（ⅴ）</td><td>あるひとつの文化（または複数の文化）を特徴づけるような伝統的居住形態もしくは陸上・海上の土地利用形態を代表する顕著な見本である。または、人類と環境のふれあいを代表する顕著な見本であること（特に不可逆的な変化によりその存続が危ぶまれているもの）。</td></tr>
<tr><td>（ⅵ）</td><td>顕著な普遍的価値を有するできごと（行事）、生きた伝統、思想、信仰、芸術的作品、あるいは文学的作品と直接または実質的関連があること（＊この基準は、他の基準とあわせて用いられることが望ましい）。</td></tr>
<tr><td>（ⅶ）</td><td>類例を見ない自然美および美的要素をもつ優れた自然現象、あるいは地域を含むこと。</td><td rowspan="4">とくに自然遺産の登録基準</td></tr>
<tr><td>（ⅷ）</td><td>生命進化の記録、地形形成において進行しつつある重要な地学的過程、あるいは重要な地質学的、自然地理学的特徴を含む、地球の歴史の主要な段階を代表とする顕著な例であること。</td></tr>
<tr><td>（ⅸ）</td><td>陸上、淡水域、沿岸および海洋の生態系、動植物群集の進化や発展において、進行しつつある重要な生態学的・生物学的過程を代表する顕著な例であること。</td></tr>
<tr><td>（ⅹ）</td><td>学術上、あるいは保全上の観点から見て、顕著で普遍的な価値をもつ、絶滅のおそれがある種を含む、生物の多様性の野生状態における保全にとって、もっとも重要な自然の生育地を含むこと。</td></tr>
</table>

は、「**原爆ドーム**」や「**アウシュヴィッツ＝ビルケナウ　ナチスドイツによる強制・絶滅収容所**」など、この基準だけで世界遺産になっている物件もある。

逆に、一番多くの登録基準を満たしているのが、複合遺産の「**タスマニアの原生地域**」（オーストラリア）で七つ。また、文化遺産で、（i）から（vi）までの六つの基準をすべて満たしているものが、「**泰山**《たいざん》」（中国）、「**敦煌莫高窟**《とんこうばっこうくつ》」（中国）、「**ヴェネツィアとその潟**《かた》」（イタリア）の三件である。しかし、これらは例外で、二つの登録基準を満たしている世界遺産が全体の四割、三つの基準を満たしているものが三割で、この二つで全体の七〇％を超えている。

話を、「顕著な普遍的価値」に戻すが、普遍的を意味する「ユニバーサル」は、グローバルと言い換えてもいいかもしれない。世界的なお墨付きを与えるのだから、その物件は、国を超えて理解できる素晴らしさが必要なんですよ、ということなのだろう。

国と国の間には、さまざまな価値観の壁がある。言語、宗教、歴史などが違えば、当然価値観も違う。偶像崇拝を禁じるイスラム教徒から見れば、仏像や聖母マリア像などは、そもそも存在理由そのものを否定したくなるだろう。国家を超えた普遍的価値というのは、果たして存在しうるのか。誰が見ても、見た目において、巨大だとか、美しいとかいう感慨を持つことは可能だとしても、民族ごとの文化の豊饒《ほうじょう》とか、思想のタペストリーとか、自然への感受性などというものは、千語を尽《つ》くしても、万語で説いても、理解されないものも少なくないだろう。また、文化は国ごとに異なり、相互間で理解不能であるからこそ、融合せず、多くの文化が今なお分かたれて存在するのであろうし、そこには、固有の価値、リージョナルな範囲でのみ理解可能な価値はあっても、それを超えた価値などは見い出せないと考えるのが自然ではないのか、そんな天邪鬼《あまのじゃく》な気持ちも湧き起こってくる。

しかし、とにもかくにも、「顕著な普遍的価値」は、世界遺産を考える上では、絶対的な尺度であり、これを無視して、世界遺産登録を目指すことは適《かな》わない。

ただし、次の項で述べるように、「価値」も時代により変化する。「普遍的」は、「不変ではない」という現実も、理解しておく必要があるだろう。

登録基準の変更

世界遺産登録の憲法とも呼ぶべき登録基準が少しずつ変わっている例を示そう。例えば、（v）の基準は、一九七七年に制定されたときには、

「重要な伝統建築様式、建築方法、集落の特徴的な見本であり、自然現象によって壊れや

すいものや抗《こう》しきれない社会文明的な、または経済的な変化によってその存続が危《あや》うくなっているもの」であった。

これが、八〇年には、「ある文化を特徴づけるような人類の伝統的集落の顕著な見本であり、また抗しきれない歴史の流れによってその存続が危うくなっているもの」と、細かい修飾を排したすっきりした表現になった。

九二年に、文化的景観という考えが導入されると、九四年の改正で、「……人類の伝統的集落や土地利用の顕著な見本であり……」と、「土地利用」が明確に位置づけられた。これを受けて、九九年の「**サンテミリオン地域**」（フランス）や「**ベームスター干拓地**」（オランダ）など、ワイン産地の景観や干拓地といった、取り立てて重要な建造物がない物件でも、世界遺産に登録することが可能になった。

さらに、二〇〇六年には、登録基準全体が一新され、（v）の基準も、「陸上・海上……」と、わざわざ海の上を指し示す言葉が加わったうえ、「人類と環境とのふれあいを代表する顕著な見本」という文言も追加された。〇八年に登録された「**レーティシュ鉄道アルブラ線とベルニナ線及び周辺の景観**」（イタリア／スイス）の登録理由にもこの鉄道が「周辺の山岳環境と調和」していることが挙げられている。

揺らいでは困る登録基準がこのように改定されることを、時代の変化に即した柔軟な対応と見るべきなのか、その時々で登録したい候補に合わせたご都合主義と見るのか、議論は分かれるだろう。いずれにせよ、世界遺産を目指すところには、敏感にならざるを得ない変化であることは疑いがない。

年々厳しくなるのは本当か？

二〇〇七年から三年間、毎年、世界遺産委員会で日本の候補地が審査されたことになるので、それぞれの結果をもう一度おさらいしよう。

二〇〇七年は、石見銀山。事前調査では、「記載延期」だったのが、本番の世界遺産委員会では、見事「登録」となった。二段階の躍進で、メディアで「逆転登録」の文字が躍ったのは、そのためだ。

一方、二〇〇八年の平泉は、事前調査でやはり「記載延期」。世界遺産委員会でもひっくり返せず、そのまま「記載延期」。そして、二〇〇九年の東京・上野の国立西洋美術館本館を含む「ル・コルビュジェの建築と都市計画」も、やはり事前調査では、「記載延期」。ところが、世界遺産委員会では、賛否両論が渦巻き、結果としては、一段階上の「情報照会」となった。平泉が、最低二年、間を空けないと再提出できないのに比べ、こちらは、二〇一〇年にもう一度審議を求めることができるのである。このように、事前調査で同じレベルの勧告が出ても、本番では、三者三様の異なった結果となっている。

稀《まれ》にだが、事前審査で「記載」勧告であったにもかかわらず、委員会では「情報照会」扱いと格下げになったケースもある（二〇〇八年に審議された「イスラエル・ダンの三連アーチ門」）。

さて、最近世界遺産登録への扉が狭くなっているということがよく指摘されるが、本当だろうか？　世界遺産の登録が始まった一九七八年から〇九年までの新規登録数を表2に示した。

「誰」が厳しくしているのか？

厳しくしようとしても結果として登録数が増えることはありうるし、厳しくしようとしなくても、もともとの申請件数が少ないこともありうる。この数字だけで、物事を語るのは危険だが、長いスパンで見ると、七九年以降、三〇件前後で推移した新規登録は、八九年以降四年ほど減少し、九三年から二〇〇一年まで、再びほぼ三〇件以上登録され、〇二年に九件

表2　世界遺産の新規登録数（各年）

1978年	12	
1979年	45	
1980年	28	
1981年	27	うち1件は、ヨルダン申請遺産「エルサレム」を臨時会で登録
1982年	24	
1983年	29	
1984年	23	
1985年	30	
1986年	31	
1987年	41	
1988年	27	
1989年	7	
1990年	17	
1991年	22	
1992年	20	
1993年	33	この年、日本初登録
1994年	29	
1995年	29	
1996年	37	
1997年	46	
1998年	30	
1999年	48	
2000年	61	
2001年	31	
2002年	9	
2003年	24	
2004年	34	
2005年	24	
2006年	10	
2007年	22	この年、「アラビアオリックス保護区」が取り消し
2008年	27	
2009年	13	この年、「ドレスデン・エルベ渓谷」が取り消し

と一気に減少してからは、一度しか三〇件を超えていない。次の項で述べるように、二〇〇〇年以降、申請の上限数が定められたので、ここ数年、以前ほど多くないのは、その縛《しば》りが最大の理由だ。さらに、登録された総数だけでなく、申請数に対して、どれだけ登録されているかという、「新規物件の登録率」の最近のデータを見てみよう。

二〇〇四年は四一件中三四件登録で八二・九％。〇五年は三五件中二四件で六八・六％。〇六年は、二八件中一八件で六四・三％。石見銀山が逆転登録された二〇〇七年は、三四件審査して二二件登録で前年とほぼ同じ六四・七％。平泉が登録延期となった二〇〇八年は、三七件審査して二七件の登録で、七三・〇％。そして、二〇〇九年が三〇件審査して一三件の登録、これは五割を切っている。ただし、この数字には、書類の不備などで、委員会までに審議を取り下げた物件は除外している。また申請数、あるいは審査した物件数は資料により、微妙に異なっているので、この数字はあくまで目安とお考えいただきたい。とはいえ、確かに、数字の上でも、最近は世界遺産への門は厳しくなっているようだ。

また、最近とみに厳しくなったといわれる、文化遺産の事前審査を行なうイコモスの記載勧告の割合を見ると、二〇〇四年には、評価を行なった件数三三のうち、記載勧告が二六で、七八・八％と高率だったが、〇五年が二五件中一七件で六八・〇％、〇六年が二〇件中

表3　2009年の世界遺産委員会の審査結果

	遺産名	事前勧告	委員会決議
自然遺産	朝鮮白亜紀恐竜海岸（韓国）	×	ー
	ワッデン海（ドイツ／オランダ）	○	○
	レナ石柱自然公園（ロシア）	×	ー
	ドロミテ山塊（イタリア）	○	○
複合遺産	**五台山（中国）**	自然　× 文化　□	自然　ー 文化　○
	ロニャ平原自然公園（クロアチア）	自然　× 文化　×	自然　ー 文化　ー
	オルヘイユ・ヴェキの文化的景観（モルドヴァ）	自然　× 文化　△	自然　ー 文化　ー
文化遺産	**シダーデ・ヴェルハ、リベイラ・グランデの歴史地区（カーヴォ・ヴェルデ）**	□	○
	グラン・バッサムの歴史的都市（コート・ジボワール）	△	□
	ロロペニの遺跡群（ブルキナファソ）	○	○
	嵩山の歴史的建築群（中国）	△	□
	シューシュタルの歴史的水利システム群（イラン）	○	○
	朝鮮王朝の王墓群（韓国）	○	○
	スレイマン・トゥーの聖なる山（キルギスタン）	○	○
	ル・コルビュジェの建築と都市計画（フランス／日本ほか）	△	□
	ポロツクの聖エウプロシュネの有形精神遺産（ベラルーシ）	×	ー
	ストックレー邸（ベルギー）	○	○
	歴史の街ヤイツェの文化財（ボスニア・ヘルツェゴビナ）	×	ー
	大モラビアの遺跡群　ミクルチツェの要塞化されたスラブ人村落群（チェコ／スロバキア）	×	ー
	シュヴェツィンゲン選帝侯の夏の住居　フリーメンソンとの関連性を示す庭園設計（ドイツ）	×	ー
	ランゴバルドルム街道（イタリア）	△	ー
	大陸間幹線道路における水銀と銀の分離（スペイン／メキシコほか）	△	□
	ヘラクレスの塔（スペイン）	○	○
	ヘルシングランドの農場群と村落群（スウェーデン）	△	△
	ラ・ショー・ド・フォンとル・ロクル　時計製造都市の都市計画（スイス）	○	○
	ポントカサステ水路橋と運河（イギリス）	○	○
	コース石灰岩台地とセヴェンヌ山脈（フランス）	△	□
	パラティの黄金の道とその景観（ブラジル）	△	△
	聖都カラル・スペ（ペルー）	○	○
	ダンの三連アーチ門（イスラエル）	○	□

※網かけ**太字**が新しく登録された物件
※記号の意味は、以下の通り
「記載（登録）」……○、「情報照会」……□、「記載延期」……△、
「不記載」……×、審議が取り下げられたもの……ー

一〇件で五〇・〇％、〇七年が二五件中一二件で四八・〇％、〇八年が三〇件中一四件で四六・七％、そしてついに〇九年は、四割を切って、一九件中わずか七件と、このところずっと半分以下しか記載勧告をしていないことからも、登録勧告の割合が低下していることは明らかであろう。

ただ、これもよく考えてみれば当然である。顕著な普遍的価値の有無について、それほど議論しなくてもいいような、わかりやすい世界遺産の登録が一巡し、なかなか普遍的価値を説明しづらい物件が増えているため、どうしてもハードルが高くなりがちだという面が当然あろう。たしかに、ここ何年かに登録された物件でも、日本人の多くが知っているというものは、見られなくなりつつあるし、一方で、どの国も、世界遺産をもっと増やしたいと次々と説明に時間を要するものを出してくるわけだから、厳しくなっている現状は、ことさら驚くことではないのかもしれないという気もしている。

具体例として、この本を執筆している時点で直近となる二〇〇九年のユネスコ世界遺産委員会の審査結果を紹介しておこう。なお、すでに登録済の物件の範囲を拡張するための審議は除いてある（表3参照）。

この表からは、さまざまなことが読み取れる。

そのひとつは、事前審査の結果よりも、実際の世界遺産委員会の結論のほうが、登録に近づいているケースが多いこと。情報照会から記載、記載延期から情報照会と一段階上昇したところが六件、逆は一件のみである。

これだけを見ると、厳しくしているのは、ユネスコの世界遺産委員会ではなく、イコモスのほうではないかと思えるのだが、そうではないという意見もある。世界遺産委員会の委員は、基本的に外交官であり、「ロビー活動」の入り込む余地がある。政治的配慮や駆け引きで、登録へと格上げされることもあるため、イコモスではあえて厳しめな結果を出しておく。それでちょうどいいくらいの塩梅《あんばい》だと考えているのだと。

つまり、世界遺産委員会は、イコモスに厳格な審査を求めながら、一方で政治的思惑などから、決議を格上げする傾向にあり、それに対抗するため、イコモスはより審査を厳しくするという、不可思議なスパイラルがあるようなのだ。

もちろん、世界遺産の登録物件の審査だけでなく、登録物件の保護にも目を配るイコモスにとって、登録数の増加は業務のキャパシティを超え始めているので、イコモス自身が数を抑え気味にしたいという思惑《おもわく》もあろう。しかしながら、こうした駆け引きのようなことで、登録される、されないが決まっていっているのかと思うと、第四章で述べるように、それに振り回される日本の世界遺産登録運動とは何なのか？　という感想を抱《いだ》かざるを得ない。

審議物件の上限をめぐる議論

二〇〇〇年に六一件もの世界遺産が新規登録されているように、実は、以前は世界遺産委員会で審議される物件の上限はなかった。一九九七年には、なんとイタリア一国で一〇件もの世界遺産が登録されているのも、今考えれば、隔世《かくせい》の感がする。

この大量登録が起きた二〇〇〇年の世界遺産委員会（オーストラリア・ケアンズで開催）で、世界遺産の適切な管理を行なう必要から、委員会で審査する最高限度数を設定し、申請できる物件も各締約国で一件のみとするということが決定された（ケアンズ決議）。

さらに二〇〇四年の世界遺産委員会（中国・蘇州《そしゅう》で開催）では、〇六年の委員会において、試行的かつ一時的な措置《そち》として、一締約国の推薦物件の上限を二件（ただし、一件は自然遺産）に緩和し、全体の審査対象件数を四五件とすることを決定した。

そして、まだ世界遺産が一件も登録されていない締約国の推薦物件の審査を最優先するという方針も決まり、実際、ここ数年、毎年その国にとって初めての世界遺産という物件が誕生している。

しかし、この「上限」の議論は、いまだに試行が続き、明確な方針が定まっているとは言いがたい。実際、「一国の上限二件のうち一件は自然遺産を」という条件は、〇七年の世界遺産委員会で、文化遺産二件でも認められるようになるなど、上限の条件は毎年のように目まぐるしく変わっており、申請する各国を混乱させている。日本は、この条件緩和を受けても、原則としては、文化遺産については一年一件の方針を変えていない。

「ヨーロッパ有利」の都市伝説

世界遺産を簡単に数字から見てみると、まず、地域別に見て圧倒的に多いのがヨーロッパである。ロシアまでをヨーロッパと考え、ロシアとモンゴルにまたがる世界遺産もカウントすると、ヨーロッパがおよそ四〇〇件と四五パーセントあまりを占めて圧倒的に多い。次に日本も含むアジア・太平洋地域が一八〇件、南北アメリカ地域が一五〇件となっている。

人口も面積も世界全体に占める割合は小さいことを考えると、やはり「世界遺産はヨーロッパに集中している」といわれるのは、あながち間違いではないことがわかる。

例えば、二〇〇九年現在、世界遺産の数が最も多いイタリア。二カ国にまたがるものも含め、四四件。世界遺産全体の五パーセントを占めている。しかも、そのうち自然遺産は、二件のみで、ほかはすべて文化遺産である。イタリアに限らず、ヨーロッパの世界遺産のほとんどは、文化遺産である。

しかも、イタリアは、ほとんどの候補物件が登録済みで、もはや増えないだろうと思いきや、全然違う。二〇〇九年の世界遺産委員会にも、さらに二件の物件が申請され、一件が登録（自然遺産の「**ドロミテ山塊《さんかい》**」、もう一件は登録延期）された。暫定リストにあとどれくらい候補が残っているかを調べてみると、なんとまだ四〇件が審議を待っている。しかも、残された物件も、登録済みのものと比べ、決して見劣りしない。

二〇〇九年夏にイタリア半島を旅した際、暫定リストのうちのひとつ、「オルヴィエート」を訪れたことは、前述した。

ローマとフィレンツェを結ぶ幹線上に位置するこの町は、平野にぽっかり浮かぶ島のように、断崖の岩山の上に町が作られている。遠くから初めてこの町の威容を目にしたときは、ちょっとした興奮に胸が包まれたほどだ。鉄道の駅からは、町までケーブルカーが結んでいる。

旧市街には中世の町並みがそっくり残っているだけでなく、町の中心には、素晴らしい建造物が聳《そび》えている。イタリアでも最も豪華な部類に入る大聖堂、ドゥーモだ。ファサードのモザイクと彫刻は、これまで見たどの教会よりも華麗だし、巨大なタンカーが大海にそそり立つような全体の姿は、類例を見ない重量感にあふれている。世界遺産の登録基準に照らしても、イタリアゴシックの代表例として、「人類の歴史上重要な時代を例証する、ある形式の建造物……の顕著な例」に、十分該当すると考えられる。これが世界遺産だといわれても、誰も疑わないのではないか、そんなオルヴィエートの実力である。

イタリアの暫定リストを詳細に見てみると、ピサ近郊の中世そのままの城砦《じょうさい》が残る**ルッカ歴史地区**、ミラノに近い中世自治都市の伝統を残す**ベルガモ**など、現在世界遺産に登録されている町と大差ない強豪が居並んでいるというのが実感だ。

このように、長い歴史の集積が、石造りの街という特徴から現代にまで残りやすい欧州には、町並み、宮殿、教会、庭園、農村景観、産業遺産など、世界遺産として評価されやすいものが集中している。アフリカにもアジアにもラテンアメリカにも同様に人類の歴史は集積していたはずだが、それが目に見える不動産という形で残りにくかったり、植民地化の過程で、古いもの、不要なものとして破壊されるなどして、異文化侵略の憂き目に遭《あ》い、結果として、世界遺産に登録するようなモニュメントが数多くは残っていないというのが、格差が生じている原因であろう。

文化遺産と自然遺産の区分にも疑問

偏《かたよ》り、ということからすると、さらなる偏りが指摘されているのは、文化遺産と自然遺産の差であろう。二〇〇九年現在、文化遺産六八九件に対して、自然遺産はその四分の一に過ぎない一七六件、そして両者を併せ持つ複合遺産が二五件ある。

この数多い文化遺産の中身を吟味《ぎんみ》してみると、実は自然遺産の要素を含むものが多い。どうしてこれが複合遺産にならないのかと不思議に思えるものも少なくない。

例えば、**「古都奈良の文化財」**という文化遺産の中には、東大寺や興福寺のほかに、「春日《かすが》山《やま》原始林」が含まれている。春日大社の奥に広がる山そのものが世界遺産に登録されているのだ。実際、この原始林は、春日大社の社叢《しゃそう》として千年以上も樹木の伐採《ばっさい》が禁止されたことにより、太古の林の姿をとどめ、貴重な動植物も多く、国の特別天然記念物に指定されている。が、こうした要素よりも、人とのかかわりにおいて、山や自然そのものを神とする日本古来よりの信仰を表わすものとして、また、古都奈良における文化的景観を構成する資産として、自然遺産ではなく文化遺産としての登録となっているのだ。うーん、そうは言っても、複合遺産になってもおかしくないのに、と素人目には映る。

二〇〇四年に世界遺産に登録された「紀伊《きい》山地の霊場と参詣道《さんけいみち》」も、紀伊山地の山懐《やまふところ》に

世界遺産「古都奈良の文化財」の一部である「春日山原始林」。長らく、春日大社の神域として守られてきたため、ほとんど人の手が加えられていない。奈良という都市の間近にありながら、ブナ科を中心とする豊かな照葉樹林帯を残している点が貴重とされる。文化遺産の中に含められてしまっているが、これこそ複合遺産の典型のように思われる遺産（写真提供／平和がいちばん）

抱かれた寺社やいにしえの道が登録されており、自然と一体となった景観が評価されていることは間違いない。修験道《しゅげんどう》などは、まさに自然と一体となったところに意義がある。和歌山県新宮《しんぐう》市付近を流れる「熊野《くまの》川」も参詣道の一部をなしているということで、世界遺産の一部となっている。しかし、これも複合遺産ではなく、文化遺産としての登録だ。自然遺産、あるいは、自然遺産の登録基準も満たす複合遺産になるには、かなりハードルが高いのだ。

世界に目を向けても、ロシアとリトアニアにまたがる長さ一〇〇キロにも及ぶ砂洲《さす》、「**クルシュー砂洲**」や、火山の裂《さ》け目に広がるアイスランドの「**シンクベットリル国立公園**」なども、名称、立地ともに自然遺産としか思えないのだが、文化遺産としての登録となっている。そういうものだ、と言われればそれまでだが、やはり一般人の感覚からは遠いといわざるをえない。逆に、自然遺産の代表例である「**ガラパゴス諸島**」は、そこで、ダーウィンが進化論を提唱するきっかけとなったという文化的意義を考えれば、自然遺産の要素だけとはいえないのではないかという気もしてくる。

今も、事前審査では、自然遺産と文化遺産では担当する機関が異なるように、もともとまったく異なった価値観や概念を世界遺産としてひとつのカテゴリーにまとめたところに、どうしても整合性の難しさがつきまとう。それを、統一した仕組みで守ろうというところに世界遺産の尊さがあるとも考えられるし、逆に、無理が生じているとも考えられる。さらに、第六章で述べる「無形遺産」や、目に見えない言語や地名などの遺産のことも考えると、世界遺産は、価値や概念の異なる別のものをひとつの思想と指標で守っていくことの必要性と困難さを内包しているといってよく、単純に、「文化遺産偏重《へんちょう》は是正《ぜせい》すべき」という論調に首肯《しゅこう》できないのは、そのあたりの考え方をより高い視点から整理する必要があると考えるからである。

世界遺産になれるのはどんなもの？

さまざまな人からよく聞かれることのひとつに、「京都は世界遺産ですよね？」という問いがある。答えは、ＹＥＳであり、一方、ＮＯでもある。京都全体が世界遺産ではないという意味では、ＮＯであるし、現実に京都に世界遺産があるという意味ではＹＥＳでもある。

京都の世界遺産の正式な名称は、「古都京都の文化財」。京都市にある一四の社寺と城郭《じょうかく》(東寺《とうじ》、醍醐寺《だいごじ》、西本願寺《にしほんがんじ》、清水寺《きよみずでら》、上賀茂《かみがも》神社、下賀茂《しもがも》神社、西芳寺《さいほうじ》、高山寺《こうざんじ》、天龍寺《てんりゅうし》、龍安寺《りょうあんじ》、金閣寺《きんかくじ》、銀閣寺《ぎんかくじ》、仁和寺《にんなじ》、二条城《にじょうじょう》)、宇治《うじ》市の平等院《びょうどういん》、宇治上《うじがみ》神社、そして人部分が大津《おおつ》市だが一部京都市にもまたがる延暦寺《えんりゃくじ》という、特定の施設だけが登録されているのである。

この一七が過不足なく京都の重要な、そしてユネスコのいう「顕著な普遍的価値」を持つ文化財を網羅しているかといえば、京都に詳しければ詳しい方ほど、口を挟みたくなるのではないかと思われる。ここには、ほかにも重要だと思われる遺産が抜けている。京都御所や桂離宮《かつらりきゅう》、国宝の建造物や仏像が多い三十三間堂《さんじゅうさんげんどう》や広隆寺《こうりゅうじ》、広大な伽藍《がらん》を持つ大徳寺《だいとくじ》や妙心寺《みょうしんじ》、あるいは、京都らしさを残す祇園《ぎおん》の街並みや嵐山《あらしやま》の景観も含まれていない。

「古都」の趣《おもむき》を残す町がどのように世界遺産に登録されているか、世界に目を転じてみよう。中国で、元《げん》の時代以来、首都として繁栄した北京は、京都同様、いくつかの施設が世界遺産に登録されているが、京都と違い、ひと括《くく》りで一件の世界遺産ではなく、「**天壇**《てんだん》」「**故宮**《こきゅう》」「**頤和園**《いわえん》」など、独立した資産が、それぞれ個別に一件ずつの世界遺産になっている。

この三つは、明《みん》・清《しん》の皇帝が政務を執《と》ったり、国家神事として豊作を祈ったりしたという意味では、同じ範疇《はんちゅう》の遺産といってもおかしくない。少なくとも、平安時代に建てられた宇治上神社と、江戸時代に徳川家が建てた二条城との差異よりは、小さいであろう。また、逆に、東西六千キロにも及ぶ「**万里の長城**」全体が世界遺産になっており、その一部が北京市域を通っているため、北京市には、「万里の長城」という世界遺産も存在する。「**明・清代の**

皇帝陵墓群」に含まれる「明の十三陵」と「**周口店**《しゅうこうてん》**の北京原人遺跡**」も合わせると、ひとつの市に六件の世界遺産を抱えており、しかも、まだいくつか市内に暫定リスト物件が控えている。

ヨーロッパの古都では、京都とも北京とも違い、中心部の旧市街がほぼ丸ごと世界遺産になっているケースが多い。ボヘミア王国の首都以来の伝統を持つチェコの**プラハ**、ハプスブルク家の繁栄を色濃く残すオーストリアの**ウイーン**、ポーランドのかつての首都**クラクフ**、ロマノフ王朝の都ロシアの**サンクト・ペテルブルク**などは、それぞれの都市名に「歴史地区」をつけた世界遺産名となっている。点ではなく、「面」の世界遺産といってよいだろう。

パリとハンガリーの首都ブダペストは、町を貫く川沿いのエリアが街並みとして登録されており、世界遺産の名称も「**パリのセーヌ河岸**《かがん》」「**ブダペストのドナウ河岸とブダ城、アンドラーシ通り**」となっている。

京都を例に考える世界遺産の範囲

このように、世界遺産の範囲や、何が世界遺産に登録されるのかは、同じ古都の文化財を登録するにしても、統一した法則はないように見える。

例えば、京都を面として歴史地区全体を登録するということは考えられるだろうか。街並みという意味では、京都にも、「重要伝統的建造物群保存地区」（通称、「重伝建」）は、いくつか存在する。清水寺門前の「産寧坂《さんねいざか》」、上賀茂神社付近の「上賀茂」、祇園の中心「祇園新《しん》橋《ばし》」、嵐山のさらに奥にある「嵯峨鳥居本《さがとりいもと》」などである。しかし、それらも、小さな「面」に過ぎず、京都の中心部全体を、ということになると、開発が進み、高層ビルやマンションに変貌したところがあまりにも多く、「歴史地区」としての登録は難しいことに気づく。

京都駅前に聳える「京都タワー」も建設当時は、景観論争があったが、今では、東寺の五重塔と並んで京都の玄関のシンボルにもなっているので、やはり建設当時に賛否が渦巻《うずま》いたパリのエッフェル塔同様、古都の景観として認められるかもしれないが、巨艦《きょかん》が盆地を圧するように立ち上がるあの「ＪＲ京都駅」はどうだろうか？　駅ビルの竣工は、一九九七年で、世界遺産の登録後であるから、駅の存在が京都の世界遺産を点に押し込めたというわけではないが、逆にもし、京都の世界遺産が地区全体で登録されていたら、あの駅はできなかったかもしれないし、あるいは強行して駅を作れば、「ドレスデン・エルベ渓谷」のように、世界遺産抹消ということになっていたかもしれない。

実際、なぜこの一七の社寺・城郭だけが世界遺産になったのかは、今となっては、説明が難しい。世界遺産の価値があっても、寺院側が規制を嫌うなどの理由で推薦を拒《こば》んだ例もあろうし、宮内庁管轄《かんかつ》で文化財保護法の対象外になっている御所や桂離宮も、そのままではハードルが高い。

このように、京都ひとつとっても、「建物」単体が世界遺産なのか、「建物群」が世界遺産なのか、あるいは、「街並み」が世界遺産なのか、さらには、「都市景観」も世界遺産なのか、さまざまな考え方があり、それは、ひとつひとつの遺産の持つ構成資産とストーリー、そして開発と保護のあり方によって規定されるため、きわめて難しい問題である。

ちなみに、京都では、現在、世界遺産未登録のいくつかの寺院から、世界遺産の仲間入りを目指す動きがある。世界遺産の集客効果への羨望《せんぼう》などが背景にはあるようだ。とはいえ、これも点から面へという動きではなく、個別の資産の追加というレベルにとどまっている。

「不動産」に限られる

世界遺産に登録されるには、厳しい基準が存在することは、これまでにも述べてきた。

しかし、当たり前すぎて、今まで説明してこなかったことがある。それは、「世界遺産は、不動産に限る」ということである。そんなの当たり前じゃないかと思われるかもしれないが、「動くか動かないか」、それからもうひとつ、「見えるか見えないか」ということは、世界遺産の根幹にかかわる重要な基本理念につながっている。

これは、逆に言えば、「動産は、世界遺産になれない」ということである。動産の代表的なものといえば、宝石や絵画。文化財ということで言えば、彫刻《ちょうこく》、刀剣《とうけん》、書などもあてはまるだろう。日本の国宝や重要文化財には、こうしたものも含まれる。実は建物よりも、こうした動産の国宝や重要文化財のほうがはるかに多い。俵屋宗達《たわらやそうたつ》の「風神雷神図《ふうじんらいじんず》」(京都・建仁寺《けんにんじ》蔵、京都国立博物館寄託《きたく》)や狩野永徳《かのうえいとく》の「上杉本洛中洛外図屏風《うえすぎぼんらくちゅうらくがいずびょうぶ》」(米沢市上杉博物館蔵)などは、立派な国宝で、持ち運べる動産だからこそ、あちこちの展示会で見ることができる。

ところが、世界遺産は、不動産に限るわけだから、ダ・ビンチの「モナリザ」も、ゴヤの「着衣のマハ」「裸のマハ」も、ムンクの「叫び」も、世界遺産にはなれない。いや、ダ・ビンチの「最後の晩餐《ばんさん》」は、世界遺産ではないか、という声が聞こえそうだが、あの有名な絵は、ミラノにある「サンタ・マリア・デッレ・グラツィエ教会」の食堂の壁に書かれているので、いわば「不動産の一部」(正式な世界遺産としての名称は、**「レオナルド・ダ・ヴィンチ作『最後の晩餐』のあるサンタ・マリア・デッレ・グラツィエ教会とドミニコ会修道**

院」。五〇字近くもある!!)。もちろん、この教会の価値はひとえにこの絵にあるので、これが世界遺産と言っても間違いではないが、いずれにしても不動産扱いなのだ。同様に、ミケランジェロの大作「天地創造」は、バチカン・システィナ礼拝堂の天井画だし、ビザンチン絵画の最高傑作「デイシス」は、トルコ・イスタンブールのアヤ・ソフィア寺院の壁に直接描かれているため、どちらも、「世界遺産の一部」ということになる。

日本でも同様で、前述した「阿修羅《あしゅら》像」についても、それが安置されている興福寺は、世界遺産「古都奈良の文化財」の一部ではあるが、像そのものは世界遺産ではない（ただし、奈良の大仏、正式名「盧舎那仏坐像《るしゃなぶつざぞう》」は、日本の文化財としての分類は美術工芸品だが、世界遺産としては、動かせない建築物という扱いで、東大寺大仏殿と一体で世界遺産の構成資産となっている）。

不動産に限るという世界遺産の制約は、文化財という視点から見ると、貴重なものを含まないという点で、問題があるようにも見える。その一方、これまで日本では、守るべき遺産という考えの薄かった風景や都市景観といったものの価値に、早くから着目してきたことは特筆に価する。特定の建物の立派さや豪華さではなく、人間が自然に働きかけて歳月を経て作り上げた風景、ワイン畑などの農村景観などが「不動産」ゆえに価値あるものとして選ばれている、そこは世界遺産の思想性として評価すべき点であろう。

築三〇年足らずで、世界遺産に

こうした人類の至宝に、最近、えっ、こんなものが？　というものが仲間入りをした。二〇〇八年に世界遺産に登録されたオーストラリアの「**シドニーのオペラハウス**」である。

この物件が注目を浴びた理由は、建物が完成したのがつい最近、一九七三年のことだからだ。七三年といえば、日本の戦後の経済成長の絶頂期、大阪で開かれた万国博覧会の三年後であるから、私ももちろん、すでに生まれていたし、読者の中にも、そういう方が少なくないであろう。そんなに最近のものまで世界遺産になれるのか？　世界遺産の基準って一体どうなっているのだろう？　そう思われた方も多いのではないだろうか。

このオペラハウスは、（時代を特定できない自然遺産を別にすれば）確かに世界遺産の中では最も新しい建造物であるが、これまでも、二〇世紀の、しかも第二次大戦後のモニュメントが世界遺産になった例がいくつもある。

ベネズエラの「**カラカスの大学都市**」、メキシコの「**ルイス・バラガン邸と仕事場**」、フランスの「**オーギュスト・ペレによって再建された都市ル・アーブル**」、そしてブラジルの首都「**ブラジリア**」である。

ブラジル政府は、それまでの首都リオデジャネイロが平地が少なく今後の発展が望めないことから、ブラジル高原の人里離れた地に、ゼロからまったく新しい都市ブラジリアを建設した。完成は一九六〇年、そして世界遺産登録は一九八七年。完成からわずか二七年での世界遺産登録は、シドニー・オペラハウスよりも短期間であり、おそらく「完成から登録までの最短記録」といってよいであろう。

（厳密に言えば、現在建築途上で未完成の世界遺産も存在する。スペイン・バルセロナの「**アントニ・ガウディの作品群**」のうちのサグラダ・ファミリア贖罪《しょくざい》聖堂である。とはいえ、聖堂全体が世界遺産に登録されているわけではなく、生誕のファサードなど完成した部分の一部だけが世界遺産に登録されている）

また、二〇世紀ということでいえば、「広島の原爆ドーム」も、二〇世紀の建物だ。一九一五年に、広島県物産陳列館（のちに広島県産業奨励館）として建設され、一九四五年八月六日、この建物のほぼ真上で、世界で初めて投下された原子爆弾が炸裂《さくれつ》した。周囲の建物が爆風でほぼ倒壊したにもかかわらず、産業奨励館は猛烈な横風を受けずに済んだため、奇跡的に倒壊を免れ、ドームの鉄骨を晒《さら》したままの姿で生き残った。この原爆ドームは、建築学的な価値ではなく、原爆投下という人類の愚行を永久にとどめるモニュメントを世界遺産に登録することの是非で、議論が巻き起こった世界遺産である。

こうした、最近の建物や壊れた建物に普遍的な価値を認め、登録するという考え方は、日本の国宝や重要文化財の考え方に慣れていると、なかなか理解しづらい。

「国宝」と「世界遺産」

少し脱線するが、文化財を守る国際的な基準ともいえる「世界遺産（文化遺産）」と、日本の文化財を守る仕組みのシンボルともいえる「国宝」について、その違いを簡単に述べておきたい。

世界遺産の発端がエジプトのアブ・シンベル神殿の救済だったように、日本の文化財保護の歴史も、「危機」がきっかけだった。一九二九年に制定された戦前の「国宝保存法」は、貴重な「佐竹本《さたけぼん》三十六歌仙《かせん》絵巻」が売りに出されたとき、やむなく切断され流転《るてん》した「事件」の再発を防ぐために整備されたものであるし、現在の国宝の法的根拠となっている戦後の「文化財保護法」は、施行《しこう》の前年、法隆寺金堂《こんどう》壁画が焼失したことが契機となっている。

日本の文化財は、「有形文化財」「無形文化財」「民俗文化財」などに分類され、有形文化財のうち、より価値の高いものを「重要文化財」、その中で「世界文化の見地から価値が高い類《たぐい》ない国民の宝たるもの」が国宝となる。手続きとしては、文化庁の専門家が文化財を調査、候補を吟味し、原案を作成、文化財保護審議会での討議《とうぎ》を経て答申《とうしん》が出され、最終的には、文部科学大臣が「指定」するという手続きが取られる。「一件、二件」と数えるのは、世界遺産と同様である。

国宝には、建造物以外に、絵画、彫刻、工芸品、書跡《しょせき》・典籍《てんせき》、古文書、考古資料、歴史資料のジャンルがあり、一方、世界遺産は、不動産という条件以外に特にジャンルによる条件はないので、建造物のほか、日本の文化財のジャンルにあるものでは、伝統的建造物群、重要文化的景観などのように、単体の建物よりも広い概念が含まれる。

「国宝」と「世界遺産」のもうひとつの大きな違いは、まさに前項で述べたような「一定の時間の経過」を、世界遺産は必要としないのに対し、国宝には、事実上厳しい制約がある点であろう。

国宝の建造物は、〇九年九月現在、近世以前、つまり江戸時代以前のものばかりで、明治以降のものは一件もない。現時点で最も新しい国宝は、江戸末期、一八六四年完成の長崎・大浦天主堂《おおうらてんしゅ》。すでに建設から一四〇年以上経っている。重要文化財のほうは最近ようやく第二次大戦後の建造物が指定されるようになった。これもやはり、広島の原爆に関係する「広島平和記念資料館」（一九五五年完成・丹下健三《たんげけんぞう》の設計）と、「世界平和記念聖堂」（一九五四年再建・村野藤吾《むらのとうご》の設計）である。また、戦前国宝だった建物のうち、太平洋戦争などで焼失し、再建されたものは、国宝とはなっていない。ポーランドの首都**ワルシャワの歴史地区**がドイツ軍の徹底した攻撃で灰燼《かいじん》に帰し、戦後、修復されたものが、その修復の価値も含めて、世界遺産に登録されているのとは対照的である。

意外と低い国宝の知名度

国宝が世界遺産の人気に比して、いまひとつ関心の薄いひとつの証左として、「東京都にある国宝の建造物は何か？」という質問をしてみよう。読者の皆さんは、即座に言い当てられるだろうか？　東京都は、実は京都府に次いで国宝が多い（二〇〇九年一月現在、京都府が二五三件、東京都が二三六件）のだが、その多くは、美術館や個人の邸宅に収められている絵画、工芸、書跡などの類で、建造物の国宝は、一件しかない。答えは、東村山《ひがしむらやま》市にある正福寺《しょうふくじ》の千体地蔵堂である。

正福寺は、北条時宗《ほうじょうときむね》が一二七八年（弘安《こうあん》元年）に開基した臨済宗《りんざいしゅう》の名刹《めいさつ》、地蔵堂は一四〇七年というから、室町時代中期の建立である。西武《せいぶ》鉄道の東村山駅から住宅街を歩いて一〇分ほど。四脚門《しきやくもん》をくぐると、小ぶりの茅葺《かやぶき》屋根の地蔵堂が見えてくる。入母屋《いりもや》造りの屋根は、明治時代の警察官の口髭《くちひげ》のように、両側に強く反《そ》り上がり、簡素ながら、凜《りん》とした美しさを湛《たた》えている。関東禅宗様式の仏殿の最古例のひとつとしての価値が高く評価され、一九五二年に国宝に指定されている。ちなみに入場料を取ることもなく、境内に「国宝の建物があるので、野球などをしないでください」という張り紙があるほど、観光地とはまったく無縁の佇《たたず》まいである。

東村山という場所も地味だし、お寺の名前もまったくといってよいほど無名である。都心には、浅草寺《せんそうじ》、上野の寛永寺《かんえいじ》、芝《しば》の増上寺《ぞうじようじ》、池上《いけがみ》の本門寺《ほんもんじ》など、歴史も由緒も古く、地域のシンボルとなるようなお寺も少なくないが、建物の多くが、関東大震災や東京大空襲で倒壊・焼失するなど、古いものが残っておらず、結果として、国宝の建造物は二三区内には一件もない。

それにしても、世界遺産は海外のものまで知れ渡ってきたのに、東京のお膝元《ひざもと》の国宝でさえ、まったくといってよいほど注目されていないというのは、いかがなものかという気もしてしかたがない。ことほどさように、国宝の知名度は、世界遺産に及ぶべくもない。

ちなみに、関東地方全体に広げても、国宝の建築物は、日光《にっこう》の東照宮《とうしょうぐう》や輪王寺《りんのうじ》など、世界遺産の「**日光の社寺**」と重複するものと、正福寺地蔵堂と同じ禅宗様式の仏殿である、鎌倉市の円覚寺舎利殿《えんがくじしゃりでん》（世界遺産暫定リスト「古都鎌倉の寺院・神社ほか」の構成資産）だけであり、意外と少ない。国宝建築は、京都府、奈良県、滋賀県など、関西地方に集中しているのが実情である。

ところが、〇九年一〇月、東京・港区にある一九〇九年建造の迎賓館赤坂離宮《げいひんかんあかさか》が国宝へと答申された。明治以降で初めての国宝指定の建造物の誕生である。東京都に、正福寺地蔵堂に次いで、二つ目の国宝建造物が誕生することになる。二三区内初の国宝建造物でもある。国宝も世界遺産に影響されて、ようやく近代以降の建造物に注目し始めたのだろうか。

シドニー・オペラハウスの普遍的価値

話をシドニーのオペラハウスに戻そう。残念ながら、私はまだここを訪れていないが、ヨットの帆、あるいは貝殻を連想させる真っ白な建物が青空に映える姿を映像で見るたびに、オーストラリアのからっと乾燥した伸びやかな空気を感じる。今、オーストラリアを象徴する風景や景観といったら、やはり世界遺産となっているウルル（英名エアーズ・ロック、世界遺産名は、「**ウルル＝カタ・ジュタ国立公園**」）か、このオペラハウスということになろう。

世界遺産の登録基準で言えば、「人類の創造的才能を表わす傑作」にあてはまるのだろうが、そのデザインはまさに天才のなせる業《わざ》であった。

このオペラハウスのコンペには、世界中から二二三点もの応募があり、その中で、デンマークの当時無名の建築家、ヨーン・ウッツォンの斬新なデザインの採用が決まった。一〇〇万枚を超す白とベージュのタイルを表面に用い、曲線だけで構成されるこの建築物の工事は予想以上に難航し、途中意見の衝突から、ウッツォンが建築の指揮を降りるというハプニングもありながら、一六年もの歳月を経てようやく完成した。

しかし、この建物がシドニーの岬に鎮座《ちんざ》するや、この白亜《はくあ》のモニュメントは、シドニーだけでなく、オーストラリアそのもののシンボルとなった。新しい建物だからといって、安易に建て替えないで永久に残すべきだ、そんな思いもあって、オーストラリア政府は、すでに一九八〇年代からオペラハウスの世界遺産への登録を目指してきた。

オーストラリアは、文字や石造りの建築物を残さない先住民アボリジニの歴史が長く、イギリス人による植民で新たな歴史が刻まれてから二〇〇年ほどしか経っていないため、文化遺産の登録物件がほとんどない。二〇〇九年現在、オペラハウスのほかに文化遺産となっているのは、メルボルンの「**王立展示館とカールトン庭園**」だけであり、こうしたことからも、オペラハウスの世界遺産登録に力を入れたのではないかと推察される。

なお、ウッツォンは、二〇〇七年のオペラハウスの世界遺産登録を見届けるように、翌年、九〇歳の生涯を閉じた。設計者が存命中にその作品が世界遺産に登録されるという、珍しい栄誉に輝いたのである。

時代が新しかろうが、天才の傑作には、きちんと評価を与えるというユネスコの姿勢は、潔《いさぎよ》いともいえるし、一方で、世界遺産は何でもありなんだ、という捉え方をされる懸念《けねん》もある。いずれにせよ、世界中の文化財関係者を瞠目《どうもく》させたオペラハウスの世界遺産登録であった。

現代のアパートも世界遺産に

二〇世紀の建造物の中で、最近登録されたもうひとつの意外な物件が、「**ベルリンの近代集合住宅群**」である。こちらは、シドニーのオペラハウスよりは、半世紀ほど古いが、知名度もまったくなく、ベルリンのシンボルというわけでもなく、人類の創造的才能の造作物と

1973年に完成し、2007年、世界遺産となったシドニー・オペラハウス
（写真提供／JTB Photo）

ブルーノ・タウトが設計したブリッツの集合住宅（1930年完成）。中央に馬蹄型のアパートをおく特徴的なレイアウトである。2008年、ここを含む6カ所の集合住宅をまとめて、「ベルリンの近代集合住宅群」として世界遺産登録された
（写真提供／Ullstein／APL／JTB Photo）

させられる。

までは言い切れないように見える。しかし、その建設の経緯やその後の評価を見れば、納得

この世界遺産は、ベルリン郊外に点在する一九一三年から三〇年代前半にかけて建設された六つの住宅群である。そのうち、四つの設計を手がけたのが、日本でもなじみのあるドイツの建築家ブルーノ・タウト。当時のベルリンでは、労働者が増加し、深刻な住宅不足になっていたため、タウトは、住宅供給公社の主任技師として、勤労者向けの集合集宅の設計を多く手がけた。鮮やかな色遣《づか》い、どの部屋にも設けられた大きな窓と独立した浴室、池を中心にした中庭を囲むように建てられた馬蹄《ばてい》形の住宅では、あたかも田園の村に住んでいるような安心感を与えられる。

この住宅は、新たなライフスタイルの提案であり、ここで実験された集合住宅の理念は、その後、日本も含むさまざまな国で、実用化されていったことも考え合わせると、普遍的な価値を有する物件だということが理解できる。

なお、タウトは、世界恐慌とナチスの台頭で、ドイツから日本に移り住み、三年間の滞在で、桂離宮の美を見い出すなど、日本文化への深い関心を示した。さらにトルコへと移り住んだタウトは、再びドイツの土を踏むことなく五八歳の生涯を閉じている。

「グローバル・ストラテジー」に則《のっと》って

　シドニーのオペラハウスやベルリンの近代集合住宅群のような最近の建物が世界遺産になったのには、実はしかるべき明確な理由がある。

　ファッションにも文学にも流行があるように、世界遺産業界にも、流行語とも呼べるテクニカルタームがある。流行という言葉に語弊《ごへい》があれば、「最近登場した世界遺産の基礎用語」といってもよいかもしれない。その代表が、「グローバル・ストラテジー」と「シリアル・ノミネーション」の二つのカタカナ用語。いまや、世界遺産を目指す地域は、この言葉を知らないと、まさに「戦略」（ストラテジー）も立てられないほどのキーワードに上り詰めてしまった。この両語をごく簡単に解説しておきたい。

　この章の冒頭でも触れたように、世界遺産には、偏りがある。石造りの堅牢《けんろう》な建物、キリスト教の教会、歴史ある町並みなどに代表されるヨーロッパ文化の登録が多く、第三世界、とりわけ、アフリカや中東、あるいは、南太平洋に散らばる島嶼《とうしょ》国家など、石造りの建物を残さない地域の文化は、登録されにくいという傾向が続いていた。これを放置することは、世界遺産の本来の意義を失わせることになるのではないか、そんな危機感から、ユネスコは、新たな「価値」をどこに置くのか、議論を続けた。

その結果、導き出されたのが、「世界遺産一覧表における不均衡《ふきんこう》の是正および代表性・信頼性の確保のためのグローバル・ストラテジー」、略して、グローバル・ストラテジーという新しい考え方である。一九九四年（平成六年）六月にパリのユネスコ本部で開催された専門家会合における議論をまとめた報告書に基づき、同年一二月にタイのプーケットで開催された第一八回世界遺産委員会において採択された。

世界遺産の信頼性を確保していくためには、遺産を「もの」として類型化するアプローチから、広い範囲にわたって文化的な表現がダイナミックに展開する性質に焦点をあてたアプローチへと移行させる必要がある、そのためには、人間の諸活動や居住の形態、生活様式や技術革新などを総合的に含めた人間と土地の在り方を示す事例や、精神的・創造的表現に関する事例なども考慮すべきだというのが、その基本的な考え方である。

そして、これまでの宮殿や王宮、教会などではなく、工場や灌漑《かんがい》施設、鉄道などの「産業遺産」、古いことに価値を置くという視点を脱却するための象徴としての「二〇世紀の建造物」、さらには、人間が自然に働きかけてできあがった独特の景観である「文化的景観」の三点の登録を進めるべきとの見解が示された。

ストラテジーの成果は？

グローバル・ストラテジーの採択後、ストラテジーに沿った物件の申請、登録が相次いだ。その結果、二〇世紀の建造物として「**メキシコ国立自治大学の中央大学都市キャンパス**」（メキシコ・二〇〇七年登録・近代建築と芸術家による壁画などとが融合した大学）、文化的景観として「**リフタスフェルトの文化的および植生《しょくせい》景観**」（南アフリカ・二〇〇七年登録・南アフリカ最後の半遊牧民の生活の場）、「**ル・モーンの文化的景観**」（モーリシャス・二〇〇八年登録・逃亡奴隷が集団生活を営んだ岩山）など、第三世界の、これまであまり顧《かえり》みられなかった文化形態が世界遺産に登録されるなど、一定の成果は上がっているといってよい。

しかし、特に三番目の「文化的景観」という概念は、定義が難しく、日本では、第五章で触れるように、なんでも文化的景観にしてしまえば立候補できる、というような風潮も生み出してしまっている。実際、「紀伊山地の霊場と参詣道」も、「石見銀山遺跡とその文化的景観」も、「平泉──浄土思想を基調とする文化的景観」（〇七年審議のもの）も、すべて、「文化的景観」を売り物にして申請しているし、文化庁に申請された候補の中にも、「最上川《もがみがわ》の文化的景観」とか、「霊峰白山《れいほうはくさん》と山麓《さんろく》の文化的景観」など、抽象的なものをすべてこの言葉で括《くく》れば、世界遺産候補になりうる、とでもいうような申請ラッシュを招いていることは、新たな課題といってよいだろう。

また、これが一番問題なのだが、結果として、産業遺産も、二〇世紀の建造物も、文化的景観も、ヨーロッパの遺産、あるいはヨーロッパ的な遺産の抑制にはつながらなかった。

シドニーのオペラハウスが世界遺産に登録されたのも、ベルリンの近代集合住宅群が登録されたのも、まさに、「二〇世紀の建造物」というグローバル・ストラテジーそのものである。二〇〇七年に登録された「**ラヴォー地区のブドウ畑**」(スイス)は、ブドウ畑や農村風景の織りなす文化的景観が評価されているし、二〇〇八年に登録された「レーティッシュ鉄道アルブラ線とベルニナ線、および周辺の景観」(イタリア/スイス)は、産業遺産、二〇世紀の建造物、文化的景観、のそれこそ、グローバル・ストラテジー三点セットの世界遺産で、世界で一番世界遺産物件の多いイタリアの登録をまたひとつ増やしてしまったのは、皮肉というほか言葉もない。

「シリアル・ノミネーション」とは?

もうひとつ、最近の世界遺産の傾向を示す言葉としてよく使われるのが、「シリアル・ノミネーション」。またしても、長いカタカナ語で、日本語に訳しづらい言葉である。これは、ひとつのテーマに沿った点と点、線と線、面と面など一連の遺産群の顕著な普遍的価値を評価して一件の世界遺産として登録していくことで、「姫路城」単体とか、「原爆ドーム」単体ではなく、高野山《こうやさん》、吉野山《よしのやま》、熊野三山《くまのさんざん》、そして、熊野古道や大峰奥駆道《おおみねおくがけみち》などの資産で構成される「紀伊山地の霊場と参詣道」や、実際に銀を掘った山だけでなく、銀山集落、銀を運んだ運搬路《うんぱんろ》、銀を積み出した港などのシステム全体を遺産登録した「石見銀山遺跡とその文化的景観」などでも踏襲されている考え方である。これも、建物ひとつひとつの価値は低くても、ある固有の文化や暮らしに価値があることを証明する際に、関連する遺産やシステムがわかる物件を広範囲に含めることにより、「普遍的価値」を見出すという視点から提唱されたものである。

もっとも、これも、無原則に遺産の範囲を広げたり、テーマに沿っていないものまで入れ込んだりすることにつながる場合もあり、必ずしもシリアル・ノミネーションが、万能薬というわけではない。実際、藤原文化の栄華を浄土信仰で括った「平泉」の当初の申請物件九件に対し、イコモスは、構成資産すべてが浄土信仰に関係しているとはいえないとして、資産の見直しを示唆したように、数で勝負すればよいというものではないことも明らかになった。

また、〇九年に申請された文化遺産二三件のうち、シリアル・ノミネーションの物件は八件、しかしそのうち実際に登録されたのは、四〇あまりの陵墓《りょうぼ》で構成された「**朝鮮王朝の王墓群**」ただ一件のみとなっている。

このように、ユネスコ、あるいはイコモスは、登録の指針を状況に応じて柔軟に運用しており、申請する側はそれに合わせる努力をすることはある意味当然のこととはいえ、それが絶対的ではないし、上述したように、そこにも問題を内包しており、まだまだ試行錯誤が続くと思われる。

第四章
石見《いわみ》銀山が「登録」されて、平泉《ひらいずみ》が「落選」した理由

4

「金」より「銀」のほうが上？

世界遺産に関するここ数年の国内のトピックの中で、多くの人が素朴に疑問に感じたことのひとつは、「石見銀山」は世界遺産になったのに、なぜ「平泉」はなれなかったのか？ということではないだろうか。しかも、「平泉」は、中尊寺金色堂《ちゅうそんじこんじきどう》の「金」の字が示すように、現世に黄金に光輝く極楽浄土を再現した空間だったのに、一方の石見銀山は「金」より価値が低い（と一般に思われている）「銀」、まして、真っ暗な坑道《こうどう》で危険と背中合わせで鉱石を掘る作業は地獄の苦しみだったはず。「金」で「極楽」を表わした平泉が落ちて、「銀」を掘るために「地獄」を味わった石見銀山が登録とは、不可解なり。

もちろん、この表現には多くの誤解と思い込みをわざと込めているのだが、それはさておき、登録延期がこれほどニュースになること自体、世界遺産への関心の高さを示しているし、だからこそ、この「謎」は、ほんとうに不可解なことなのか、それとも故《ゆえ》あることなのか、そのあたりを、両地域の現状もリポートしつつ、考えてみたい。

様相一変、世界遺産効果てきめんの石見《いわみ》銀山

二〇〇九年八月、私は世界遺産登録後初めて、島根県大田《おおだ》市大森《おおもり》町にある石見銀山を訪れ

た。訪問自体は、三〇年前の一九七九年（昭和五四年）、一〇年前の一九九九年に次いで、三度目である。中心から少し離れたエリアに〇八年の秋に本格的にオープンした中核施設「石見銀山世界遺産センター」は、四〇〇台収容の駐車場が満杯。マイカーや観光バス、路線バスなどでやってきた観光客は、このセンターで、石見銀山の概要と歴史的な背景をつかんで、中心地区へ向かうシャトルバスや、坑道ツアーのバスへと散っていく。パーク・アンド・ライドの拠点としての役割も果たす、石見銀山の中核施設は、全国から訪れる観光客のにぎやかな声が響き、世界遺産が地域を変えるということがまさに実感できる場所である。

銀山を支配する代官所を中心に発達し、今も江戸・明治期の町並みを残す大森地区では、歩いて散策する観光客に加え、レンタサイクルで見どころをまわる客も重なり、七〇～八〇年代、ファッション雑誌片手に観光地に殺到したアンノン族が、同じ山陰の萩《はぎ》や津和野《つわの》に来ていた頃のような錯覚を一瞬覚える。中国山地の緑濃い谷に、ひっそりと時の移ろいを封《ふう》じ込めてきた過疎《かそ》の集落は、一躍、最新の観光地へと生まれ変わっていた。

「環境にやさしい」という施策

重要伝統的建造物群保存地区を貫く旧道は、地元の人の車も含め、一方通行。また、常時内部を一般公開している唯一の坑道である龍源寺間歩《りゅうげんじまぶ》（間歩＝江戸時代に掘られた坑道）への道は狭小で、車と歩行者の混在による事故を招きかねないおそれがあるため、以前はあった路線バスの便を登録の翌年に廃止。見学者は、徒歩かレンタサイクル、もしくは、人力で自転車を漕《こ》いで走るベロタクシーに乗って、間歩を訪れることになる。保存地区にマイカーやバスが入らないよう、苦心の仕組みがとられているのだ。また、世界遺産センターと歴史地区を結ぶシャトルバスにも、環境に配慮したハイブリッド型のものが使われている。

町を歩いていると、「給水スポット」と書かれた看板を目にする。ペットボトルにお茶やミネラルウォーターを補給できるよう、食事や観光施設で、こうしたエコロジカルな施策がとられているのだ。確かに、この地域では、ペットボトルのゴミはほとんど目にしなかった。

また、主に個人客向けに、新しい観光サービスも行なわれている。有料で音声端末機器を借りて、主な見どころで、その端末からQRコードを読み取らせて、音声案内を聞くという仕組みである。ガイドがつくのはわずらわしかったり、費用が気になるが、きちんとした解説は聞きたいという個人客へのサービスだ。これは、環境対策として始めたわけではないが、銀山の歴史を知ろうと熱心に解説に聞き入る観光客を見ると、間接的に〝静かな環境〟

に貢献しているように思える。

こうした環境への配慮は、実は、石見銀山の操業開始時からずっと貫かれてきた思想の延長線上に位置づけられており、そのことが石見銀山の「逆転登録」に大きくかかわっている。それは後で触れる。

石見銀山の「顕著な普遍的価値」

世界遺産登録への条件は、大きく言えば二つ。ひとつは、何度も繰り返すように「顕著な普遍的価値」があること。もうひとつは、保護措置が十分取られていること。それでは、石見銀山の価値とは何か。

鉱山というと、私たちは山に穴を縦横に穿《うが》ち、鉱石を掘って運び出す情景を思い浮かべる。発破《はっぱ》をかけて岩を砕《くだ》き、滑車《かっしゃ》で竪穴《たてあな》から鉱石を引き上げ、トロッコで出口へ運ぶ。現在、日本で鉱山跡を見学できる観光施設、例えば、栃木県の足尾《あしお》銅山（二〇〇七年に、文化庁の世界遺産への公募に推薦書を提出している）や大分県の鯛生《たいお》金山へ行けば、そうした様子を体験できる。それは、いわば目に見える遺産的価値である。

しかし、石見銀山が何より価値を持つのは、ここで生産された大量の銀がまだ鎖国前の日

（上段左）世界遺産センター
（上段右）訪問の目玉となる「龍源寺間歩」の入口
（中段右）「大久保間歩」へ入るツアー客は、ヘルメットと長靴姿に
（中段左）大森地区の町並み
（下段左）銀の積み出し港があった「温泉津地区」の町並み
（下段右）「給茶スポット」によって、ペットボトルや
カンのごみ量を減らしている

「石見銀山」地図

山陰本線
沖泊
日本海
温泉津駅
温泉津《ゆのつ》地区
鞆ケ浦《ともがうら》地区
馬路駅
銀山街道
出雲市方面へ→
龍源寺間歩《まぶ》
大森地区の町並み
銀山エリア
河島家住宅
熊谷家住宅
大久保間歩《まぶ》
五百羅漢
大森代官所跡・
石見銀山資料館
世界遺産センター

本から東アジアのみならず、海のシルクロード沿いに点在する貿易都市であるベトナム・ホイアン、マレーシア・マラッカ、インド・ゴア（そのどれもが世界遺産に登録されている）などを通って、遠くヨーロッパまで運ばれ、経済・文化交流の仲介者となった意義であろう。世界史の舞台を飾る陰の立役者であったのだ。

歴史的な軸で見ると、鉱脈の発見から隆盛期を迎えた戦国時代、江戸時代、さらに明治以降、近代的な設備が導入された時期まで、鉱山開発のさまざまな技術の痕跡《こんせき》が遺跡としてよく残っていること、さらには、坑道だけではなく、銀の生産を管理するために整備された町並みや施設、銀の搬出《はんしゅつ》を担った古道や積み出し港など、銀の生産から輸出に至る過程が、残された遺構からほぼ完全に読み取れるという価値の重要性は、国内だけでなく、世界的に見てもきわめて高いといえるであろう。

ここで行なわれた、銀鉱石から銀を精錬する「灰吹法《はいふき》」と呼ばれる技法は、朝鮮半島を経て伝えられたアジアの伝統的な精錬技術であることも考え合わせると、石見銀山は、海を隔てて、技術が伝わり、さらにその技術を生かして生産されたものが、再び海を渡って世界へ広まったというダイナミックでワールドワイドな交流を支えていたところだということができる。

「日本遺産」ではなく、「世界遺産」であることの価値のひとつは、まさに、その遺産の持つ輝きが、世界へとつながり、国境を越えて影響を与えることの素晴らしさであるとするならば、石見銀山は、鎖国後に栄えて国内の貨幣流通のみを担った他の鉱山とは決定的に異なるといってよいであろう。

長い保存の歴史

石見銀山は、一九二三年（大正一二年）に休山、第二次大戦中、再び試掘が行なわれたが、銀の含有量が低く、採算が取れず、結局そのまま廃山になったため、江戸時代の最盛期には万を超えた人々が暮らした（『銀山旧記』には、誇張もあるとはいえ、二〇万人という数字が出ている）この地域の人口は急速に減少し、山陰の山あいという地理的な悪条件もあって、どこよりも早く過疎化が進んだ地区のひとつとなった。

私が石見銀山を初めて訪ねた一九七九年当時、そこは、全国レベルでは無名だったとはいえ、旅好きの自分のアンテナには引っかかる程度の、それなりの小さな観光地であった。一九六七年には、銀山跡がすでに島根県の史跡に指定され、七六年には、銀山支配の拠点であった大森代官所跡に建てられた旧邇摩《にま》郡役所が、石見銀山資料館として開館、今も観光地となっている五百羅漢《ごひやくらかん》も参観することができた。こうした街並み整備や観光地化の背景には、早くも一九五六年に結成された、大森町文化財保存会の継続的な活動がある。

この会の活動により、一九八七年には大森の町並みが国の重要伝統的建造物群保存地区に選定されたのをはじめ、商家の熊谷《くまがい》家、武家の河島《かわしま》家の文化財指定や一般公開、さらには、老朽化した歴史的建造物の修理などによる修景事業へとつながっていることを考えると、地域の中で、銀山の繁栄の名残《なご》りを後世に伝えたいというＤＮＡが育《はぐく》まれ、受け渡されてきたようにも感じる。

まさかの記載延期勧告

石見銀山が、正式に世界遺産への名乗りを挙げたのは、一九九五年。それ以来、先ほど述べたような価値を導き出すために、またその価値を証明するさまざまな証拠を集めるために、専門家による視察や会議を重ね、世界の鉱山遺構、特にすでに世界遺産に登録された鉱山の町や遺構との比較研究も行ない、保護措置を講ずるべく、国による史跡の指定エリアを広げるなどの地道な努力を続けてきた。

そして、最終的に、世界史的な意義を強調するために、一六世紀、世界の銀流通の多くの部分を担ったことが重要だというストーリーを組み立て、それに沿って、銀を港まで運んだ旧道や銀の積み出し港として栄えた「温泉津《ゆのつ》」地区、「鞆ケ浦《ともがうら》」地区なども構成資産に加え、満を持して、ユネスコの世界遺産センターに、世界遺産へのパスポートとなるべき一覧表記載推薦書を提出した。二〇〇六年一月のことである。

これまで、日本が申請した世界遺産は、事前審査でも登録可能のお墨付きをもらい、本会議である世界遺産委員会でほぼすんなりと登録されてきた（唯一の例外が、第二次大戦の惨禍を伝える広島・原爆ドームの審議であった。日本の侵略行為に戦後も厳しい目を向ける中国と、原爆投下は戦争終結を促《うなが》したとして肯定的に捉えるアメリカ両国の委員は、原爆ドームの世界遺産登録に賛成しなかった）。

二〇〇六年一〇月には、ユネスコから現地調査を委嘱《いしょく》されたイコモスの委員が石見銀山を訪れる。しかし、その直前に、ユネスコから一一九項にも及ぶ詳細な質問書が地元の自治体に届けられた。石見銀山の関係者は、今思えば、それが事前審査での記載延期勧告の前触れだったのではないかと述懐《じゅっかい》する。イコモスの現地調査の担当は原則一人。石見銀山へは、オーストラリア人で建築の専門家であるダンカン・マーシャル氏が三泊四日で訪れた。彼は実直な性格で、受け入れた島根県と大田市の職員や地元の人にも終始にこやかに応対し、石見銀山の価値を十分理解したように見えた。

彼が調査を終えて日本を去る際には、関係者のほとんどは安心して、あとは登録の発表を待つだけだと思ったに違いない。

ところが蓋《ふた》を開けてみると、事前審査の結果は、四段階のうち、下から二番目の「記載延期」。推薦書を書き直して再提出しない限り、世界遺産登録はきわめて難しいという結果であった。これを聞いて、上は外務省や文化庁から、島根県、大田市、推薦書作りにかかわった専門家、そして地域住民に至るまで、衝撃が走った。評価書には、世界遺産の登録基準に照らして、多くの項目が×、つまり基準を満たしていないということが書かれていた。それを見て絶望的に感じた人もいれば、逆に、価値が伝わっていないなら、価値を認めさせることに絞って、世界遺産委員会までに「反論」と「陳情」をすればよいと考える人もいた。

逆転への巻き返し

この延期勧告から、逆転登録までの二カ月弱に、行政や地元がどう受け止め、登録に向けて何をしたのかは、さまざまな報道や噂レベルのものが乱れ飛び、また外交上の秘密という厚い壁にも阻まれ、ことの真相の全貌《ぜんぼう》を知っている人は少ないし、真相を知りうる人も、立場上、何があったかをつまびらかにしない。

しかし、現地の方々に聞いた話をまとめると、おおよそこういうことになる。

まず、イコモスからの記載延期勧告で、観光客は減少に転じるが、マスコミの取材が一気に増えた。団体ツアーを実施する旅行会社からすれば、「世界遺産」という集客のキーワードを使いにくくなり、すぐに影響が現われた。現金なものである。一方、マスコミには、世界遺産登録の仕組みがよくわかっていない記者も多く、イコモスの事前審査とユネスコの世界遺産委員会における審議結果は混同されていたようだ。早々に、「石見銀山　世界遺産落選」と、誤解を招くような見出しをつけた新聞もあった。また、地元で石見銀山の研究を自分なりにしていた人からは、「調査不足で登録延期と聞きました。私の調査を役立ててください」という申し出をする人がある一方、毎日のように、登録延期勧告が出たことに不満を訴える電話もかかってきたという。

世界遺産の申請手続きにおけるガイドラインでは、イコモスの事前審査の評価書の結果に対し、事実誤認があれば、世界遺産委員会が行なわれる三日前までに、当該国は委員会の議長宛《あ》てに書簡を送付することが認められている。

推薦書を作成した石見銀山側のスタッフは、即座に、そして不眠不休で、石見銀山の価値をアピールする草稿を書く。文化庁や島根県、大田市などの行政担当者は、すぐにパリに飛び、世界遺産委員会の委員であるユネスコの日本大使も交え、どうアピールするか戦略を練る。世界遺産委員会に提出した推薦書の中には、ほかの鉱山と比べ、植生《しょくせい》の回復状況から、環境への配慮が読み取れるという「自然との共生」に触れた文面がすでにあったが、地球環境への関心が高まる今、これを大きくアピールできないかという方針に決まった。一部に報道されたように、急遽《きゅうきょ》、「自然との共生」をゼロから考え出したということではなかったようだ。そして、こうした点を中心に、世界遺産委員会の委員に対する水面下の協力要請が続いた。

こうして、ニュージーランド南島のクライストチャーチで開かれた二〇〇七年の世界遺産委員会を迎える。新規物件の審議は、六月二七日から始まり、石見銀山の審議は、二八日の午後に行なわれた。通常手短《てみじか》に行なわれるイコモスによる内容説明は、ほかの物件の二倍近い時間がかけられた。鉱山の世界遺産を持つチリの委員から出された、植生を維持しながら採掘されたことへの評価を皮切りに登録への賛成意見が続いたが、一方で、アジアのほかの鉱山遺産との比較研究が必要ではないかと、流れに水を差す意見が出て、風向きが変わりかけた。しかし、この物件の価値を単独で判断すべきという意見が出され、再び、議論の流れが登録へと舵《かじ》を切った。この委員会には、メディアは原則として同席を許可されないが、関係する自治体の何人かがオブザーバーとして審議が行なわれている会場に入り、その様子を固唾《かたず》を呑《の》んで見守っていた。大田市からは、市の職員のほか、町並みの保護・修復に力を注いできた地元企業の経営者や、ガイドの会の責任者も参加しており、彼らに話を聞くと、このとき、確かに空気が動いて、これはいけると思ったそうだ。五〇分という長い審議の最後を締めくくる議長の声が響いた。「石見銀山、記載」と。

登録後は観光客激増

世界遺産登録を目指したところはどこでもそうだが、石見銀山でも、登録運動に対して賛否両論があった。白川郷《しらかわごう》のように、観光客が押し寄せ、平穏な生活が脅かされるのではないかという不安や、登録運動に邁進《まいしん》している人が気に入らないという、俗人的な嫌悪感まで、反対の理由はさまざまだった。だが、登録されて二年が経《た》ち、一見したところでは、地元だけでなく、島根県出身で県外に出ていた人も含め、地域の文化に光が当たったこと、しかも厳しい学術的なチェックを経て、世界的なお墨付きを得られたことへの率直な喜びは、今も底流として、この町に流れていることを、少し歩けば実感できる。

表4は、石見銀山への入り込み客数の推移を、世界遺産登録の前後一〇年で見たものである。

世界遺産委員会への申請が行なわれた二〇〇六年には、これまでの三〇万人程度から、四〇万人へと増え、登録された〇七年には、ほぼ倍増した。この数字は、見学施設の入場者をベースにしているため、実際の観光客はこれより多く、特に、世界遺産登録後は、短時間での駆け足ツアーも多いため、観光客の増加は、実感としてはこの数字以上だといってよいだろう。

しかし、一方で課題も少なくない。

ここを訪れる観光客のうち、団体ツアーで訪れる客の滞在時間の平均は、わずか三時間程度。出雲大社や萩などと組み合わせ、宍道湖《しんじ》に近い玉造《たまつくり》温泉などに宿泊する一泊二日のツアーが、特に北九州エリアから多いという。三時間で可能なのは、唯一年間公開されている間歩《まぶ》へ往復すること、ちらりと大森地区の町並みを歩くこと。間歩は、規模が小さく、トロッコも人形もない。町並みは歴史的価値が十分判《わか》っていないと、ほかの国内にある美しい町並み、例えば、埼玉県川越《かわごえ》市や栃木県栃木市の蔵造りの町並み、あるいは三重県亀山《かめやま》市関《せき》町《ちょう》、長野県塩尻《しおじり》市奈良井《ならい》などの宿場町の町並みなどに比べれば、見た目の印象は明らかに見

表4　石見銀山の入り込み客数の変遷

年	入り込み客数
1999年	260,000
2000年	280,000
2001年	300,000
2002年	290,000
2003年	310,000
2004年	318,000
2005年	340,000
2006年	400,000
2007年	713,700
2008年	813,200

（大田市調べ、推計値）

1個が5万人を表わす

劣りがする。これだけ見て帰った観光客が言いそうなコメントは想像がつく。「石見銀山、取り立てて見るものなかったよ」。地元の人からも、声を潜《ひそ》めて、「実は、『がっかり観光地』の仲間入りをしているらしいんですよ」と教えられた。札幌の時計台や、高知の播磨屋橋《はりまやばし》など、知名度に比して、実物の規模の小ささ、あっけなさが際立《きわだ》つ観光地を評して、こう呼ぶのだそうだが、その新たな候補になっているというのだ。

一方、登録の翌年から始まった、最大の坑道である「大久保間歩」ツアーへの参加客は、異口同音に、「とても面白かった」「石見銀山の真髄の一端に触れた。また来たい」との感想を持つという。ツアーの実施は、三月から一一月までの金・土・日曜日および祝日。冬の三カ月間休止するのは、コウモリの冬眠を妨《さまた》げないようにという理由も、なんだか微笑ましい。一日四回の実施で、一回の上限が二〇名なので、一日最大八〇人しか参加できない。オンシーズンは、ほぼ満杯。私が参加した日曜日の四回目のツアーも、定員を一人オーバーした二一人が参加していた。

このツアーでは、「仙《せん》の山《やま》」という銀山の中心となった山の中腹まで登るが、その途中に多くの坑道の入口や集落の跡などを目にするので、銀山の規模の大きさ、そしてそれが麓《ふもと》だけでなく、山頂にかけて際限なく広がっている様に、あらためて驚かされるのだ。間歩の入口では、ツアー主催者側が用意した長靴とヘルメット、そして懐中電灯という坑道進入三点セットを身につけ、気温摂氏《せっし》一〇度ちょっとという夏でも涼しい坑道へ一列になって入っていく。江戸時代の手掘りの跡と、明治期の削岩機《さくがんき》による掘削《くっさく》の跡を見比べつつ奥へと進むと、入口では想像できないほどの縦横に広がる坑道の大きさに圧倒される。私自身も、このツアーでの体験と、世界遺産センターの展示を見ることによって、初めて、石見銀山の持つ価値を頭と身体で実感できた。

「分かりにくい。だからゆっくりと」

しかし、このツアーに参加できるのは、年間最大で一万人弱。全観光客の一割どころか、一パーセント程度でしかない。石見銀山の真髄に触れる観光客はごくわずかなのだ。

また、廃止されたバス路線は、便数は少なかったにしろ、地域住民の足になっていたこともあり、影響を受けている人がいる。

一方、大森の町並み保存地区は、空き家が多く、放置すれば朽《く》ちていく運命にある。幸い、こうした空き家を買い取って保存の上活用している地元の篤志家《とくしか》もいるが、地元以外の人が借りて主に観光客向けの新たな商売を始めるケースも多い。しかし、そのうちのいくつかの店は、当てが外れて、半年も経たないうちに撤退した。地元の視点に立てば、いくらレストランや土産物屋が増えても、生活には役立たない。食料品店や衣料品店、薬局など車に乗れない高齢者に必要なお店がないと、過疎化は進むばかりだが、そうした店は、人口五〇〇人を切るこの集落の住民だけを相手にしていては商売が成り立たない。もちろん、集落外からの出店は、I《アイ》ターン者などの増加につながり、過疎地に貴重な定住を促進する効果もあるため、一概に否定はできない。地域振興という意味では、観光客の増加よりも定住者の増加のほうが地域の将来を明るくするとも考えられる。空き家のままにするか、観光客向けの店が増殖するのか、いずれにしても、保存地区の雰囲気を損なわない範囲の中で、町が再生していくのは、世界遺産になったからといって、変わらない課題であろう。

石見銀山世界遺産センターで配布されるパンフレットには、こんな標語が書かれている。「石見銀山、ここは人類の宝。でも分かりにくい。だからゆっくりと、歩いて見学を」。自ら、「分かりにくい」というマイナス面を標榜《ひょうぼう》する観光パンフレットも珍しいだろう。しかし、そこを逆手《さかて》にとって、ゆっくり歩く時間を推奨《すいしょう》する。石見銀山への入り込み客数は、登録三年目を迎えて、前年の八割程度に減っている。しかし、地元の受け止めは、いい方向に落ち着いてきていると、むしろ肯定的だ。慌《あわただ》しくやって来て、つまらなかったと帰る客よりも、じっくり歩いて、「分かりにくさ」を克服する旅を体験してもらいたい。石見銀山は、「逆転」により、栄誉を勝ち得たことで、かえって地に足の着いた受け入れができているように思う。赤く輝く独特の石州瓦《せきしゅうがわら》の家並みを眺めながら、そんなことを感じた石見銀山での数日間だった。

地震に襲われた村

　石見銀山の世界遺産登録の翌年、やはり事前評価で「記載延期」の勧告を受けた平泉は、石見銀山に続く逆転登録は叶わなかった。日本で初めて、〝本番〟の世界遺産委員会で登録延期を勧告された平泉は、それをどう受け止め、その後の一年をどう過ごしてきたのか、一面の稲穂が色づき始めた〇九年九月、現地を訪れた。

　岩手県一関《いちのせき》市厳美《げんび》町本寺《ほんでら》地区。里山が周囲を取り巻き、田んぼと、東北地方では一般に「イグネ」と呼ばれる屋敷林に囲まれた農家が点在する、典型的な農村風景が広がるこの地域は、二〇〇八年から〇九年にかけて、三度も激震に襲われた。

　一度目は、文字通りの「激震」。二〇〇八年六月一四日、岩手県内陸部を震源とする地震が発生、震源に近いこの地域でも、激しい揺れに見舞われた。岩手・宮城内陸地震である。

震源に近い割には、本寺地区の被害は少なかったと言ってよいが、それでも地区を貫いて秋田県へ抜ける国道三四二号線は、長期にわたって不通となり、当時の恐怖は、一年以上が過ぎた今も村人が集まれば、話題となる。

その地震の恐怖も覚めやらぬ同年七月七日、今度は、この地区も構成資産の一角をなしていた世界遺産候補「平泉の文化遺産」が、これまでも繰り返し書いたように、ユネスコの世界遺産委員会で登録の見送りが決定、期待をかけた村人は、一様に落胆の表情に沈んだ。文化庁や岩手県は、早速、三年後の二〇一一年に登録を目指す「再挑戦」を表明、気を取り直して「次」の機会を待つことになった。

しかし、この地区の「激震」は、それだけで終わらなかった。翌年春、今度は、「平泉」の世界遺産再挑戦にあたって、「本寺地区は、構成資産からはずしたい」という意向が国や県から伝えられたのである。仮に二〇一一年に、中尊寺金色堂などが世界遺産登録の栄誉を勝ち得ても、この村は、蚊帳《かや》の外に置かれる。その衝撃は、もしかしたら、前二つの激震よりも、さらに大きかったのかもしれない、〇九年九月に本寺地区を訪れ、何人かの地元の人に話を伺《うかが》った私は、そんな思いを深くした。

何もない村「骨寺《ほねでら》」

「骨」という、地名にはあまり使われない字を冠した「骨寺」は、本寺の中世以前の呼称である。地元で手に入れたパンフレットによれば、骨寺が転訛して、本寺になったという説が記されている。この地区は、二〇年ほど前までは、観光とはまったく無縁の、これといった特色もない静かな村であった。ところが、中尊寺に残された「陸奥国《むつのくに》骨寺村絵図」に、現在の本寺地区の様子がそっくり描かれていることがわかり、中世の荘園《しょうえん》の様子が絵図そのまま実景で残るきわめて貴重な地域であることで、脚光を浴びた。

奥州《おうしゅう》藤原氏の初代清衡《きよひら》は、自らの発願《ほつがん》による「紺紙金銀字交書一切経《こんしきんぎんじこうしょいっさいきょう》」（国宝）の完成に功のあった蓮光《れんこう》という僧を、そのお経を納める中尊寺経蔵の別当に任命、蓮光は、自身の私領であった骨寺村を経蔵に寄進し、経蔵の費用をまかなうための荘園としたことが、この地域が中尊寺の荘園になったいきさつである。そして、平泉の文化遺産が世界遺産の暫定《ざんてい》リストに掲載され、実際にユネスコへの推薦書を書くに当たって、当時、グローバル・ストラテジーの一要素として注目を浴びていた文化的景観としての推薦をするためには、平泉中心部の寺院や遺跡だけでは、資産が不足していると、国は考えた。骨寺村荘園遺跡についても、当時の絵図に描かれた田園景観が良好な自然環境と併せそのまま残り、「日本の原風景」を

「平泉の文化遺産」地図

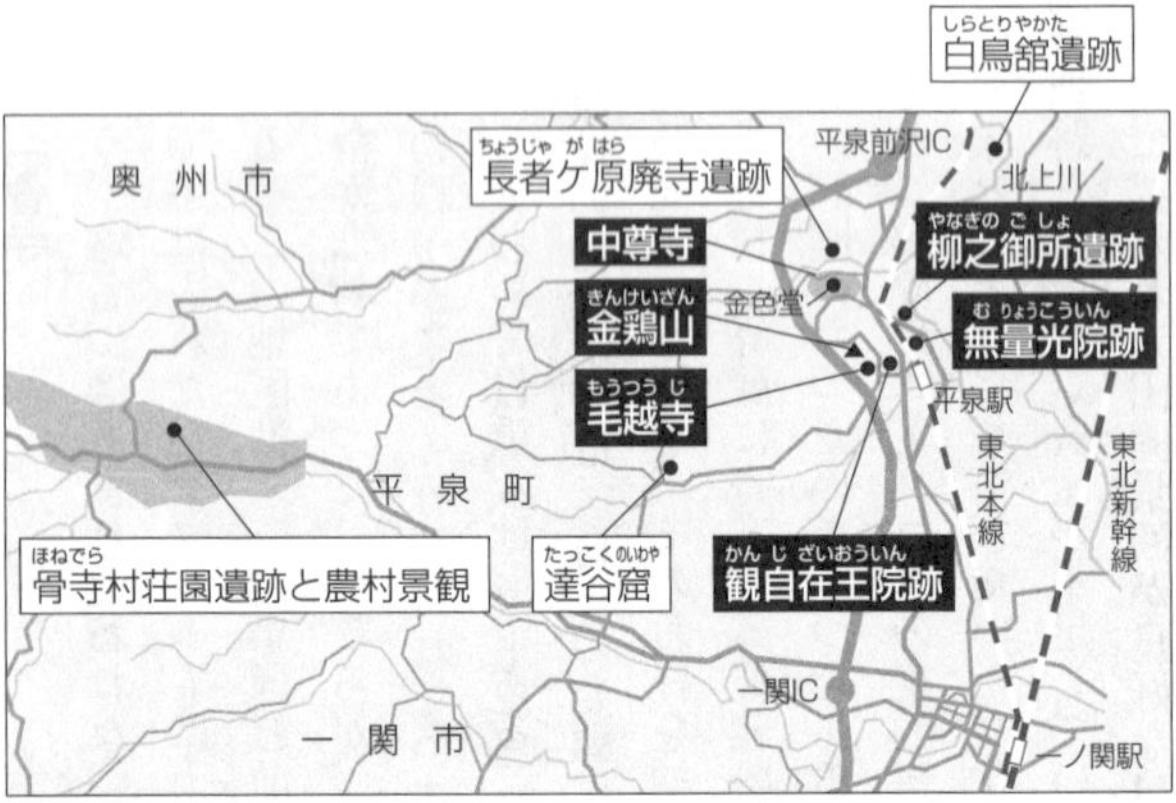

※■は、2011年の審議（再挑戦）で登録を目指すことになった6物件
※観自在王院跡は、毛越寺から独立して1件となった
※□の4物件は、2008年度時点の構成資産だったが、次回はいったんはずされ、6物件の登録後に新たに追加登録を目指すことになったもの

平泉の中心をなす中尊寺金色堂

（上段）「毛越寺」の園池（左）と、それへ流れ込む遣水（右）
（中段左）中世の荘園の姿が今に遺る「骨寺村」
（中段右）真新しい骨寺村荘園休憩所。世界遺産を訪ねてくる観光客のために作られたが……
（下段）2011年の審議分からは、いったんはずされることになった「長者ケ原廃寺跡」（左）と「白鳥舘遺跡」（右）

保っているとして高く評価し、暫定リストの構成資産の仲間入りをして欲しいと地元に打診した。そうした経緯を経て、骨寺村荘園遺跡は、暫定リスト「平泉の文化遺産」に、書き加えられたのである。

「平泉ショック」

平泉が世界遺産暫定リストに記載されたのは、二〇〇一年。〇七年には、中核資産とも言うべき、藤原三代を祀《まつ》る金色堂で名高い中尊寺とわが国有数の浄土庭園を持つ毛越寺《もうつうじ》のほか、骨寺村荘園遺跡も含む、七つの周辺の寺院・史跡を合わせ、九つの資産から構成される「**平泉——浄土思想を基調とする文化的景観**」を、国はユネスコに正式に世界遺産候補として申請した。ここまでは順調な道のりである。

中尊寺は、戦後の新制度の国宝第一号である金色堂の建物だけでなく、堂内の諸仏や金銅《こんどう》幡頭《ばんとう》、金銅華鬘《けまん》などの工芸品をはじめ二六点もの国宝を有し、東日本では、日光の社寺と並ぶ文化財の一大宝庫である。一方、毛越寺の庭園は、国の特別名勝、特別史跡に二重指定され、延年《えんねん》の舞や遣水《やりみず》で行なわれる曲水《ごくすい》の宴《えん》などの古式ゆかしい祭礼や行事でも名高い。

平泉には、このように、わが国有数の文化財の集積があるだけでなく、日本人が最も好み、「判官《ほうがん》びいき」という言葉まで生んだ悲劇の武将、源義経《みなもとのよしつね》や、松尾芭蕉《まつおばしょう》の「奥《おく》の細道《ほそみち》」ゆかりの地である（平泉を詠《よ》んだ「夏草や兵《つわもの》どもが夢の跡」や「五月雨《さみだれ》の降《ふり》のこしてや光堂《ひかりどう》」はあまりにも有名）こともあって、知名度や憧れという点でも、京都や奈良に十分伍《ご》する実力を持った文化都市といってよいであろう。世界遺産になってもおかしくないと考える人は少なくないのではないか。

しかし、この「平泉」も、イコモスの事前勧告は、石見銀山同様、「記載延期」であった。二〇〇七年夏、事前調査に訪れたのは、日本と同じ仏教国スリランカのジャガス・ウィーラシンハ氏。専門は、美術史や考古学だが、浄土思想の理解という点では、キリスト教国からの調査委員に比べれば、はるかに理解しやすい国からの委員であったといえるであろう。

しかし、審査対象物件の評価をするのは、現地調査をした専門家だけではない。彼の調査をもとに、その物件が「顕著な普遍的価値」を有するかどうか、イコモスのメンバーが外の専門家も交えてさまざまな観点から判断を下す。かつては、それは一人の担当者が行なっていたが、現在は、推薦書を数人の専門家に送り、その専門家が、登録の妥当性を判断して、○か×をつける。その結果をもとに、イコモスとしての判断を下すという複雑な仕組みになっている。

平泉について、イコモスは、法的な保護状況や保存管理体制には問題はないが、世界遺産としての普遍的価値については基準を満たしておらず、同様の物件との比較研究や資産の範囲の設定についても課題があるとして、「記載延期」を勧告したのである。

特に、仏教思想とともに中国から伝わった寺院や庭園のデザインが、独特の日本的な発展を遂げて、国内に影響を与えたことを評価する視点が欠けており、そのためには、資産を平泉の中心部に絞り、中心部から外れた冒頭の骨寺村荘園遺跡のほか、達谷窟《たっこくのいわや》（平泉町）、長者ケ原廃寺跡《ちょうじゃがはらはいじ》、白鳥舘遺跡《しらとりやかた》（ともに奥州市《おうしゅう》）などをはずしたうえで、中国や韓国との比較研究を行なう必要があると指摘した。

この勧告を受け、文化庁や岩手県、平泉町などは、石見銀山のときと同様の巻き返し作戦を行なった。しかし結果は、イコモスの勧告通り、「記載延期」。これは、文字通り、「延期」であり、再申請の可能性を強く残した勧告であったのだが、日本では、初めての延期勧告だったこと、メディアが「落選」の言葉を使ったこともあって、国内では、比較的大きなニュースとして取り上げられた。地元の落胆は大きく、また、登録に合わせ、平泉の観光キャンペーンを考えていたJR東日本などの観光関係者や、今後、平泉に続こうと世界遺産登録運

「平泉ショック」「世界遺産落選」と報じる当時の新聞（上）

一ノ関駅の正面に大きく掲げられた看板（下）

動を推進する日本の各自治体にも、少なからぬショックを与えた。世界遺産関係者の間で、「平泉ショック」と言い習わされるようになる所以《ゆえん》である。

平泉の玄関となる東北新幹線一ノ関駅やJR東北本線の平泉駅には、今も「平泉の文化遺産を世界遺産登録へ」の大きな看板が駅舎に掲げられている。「を」と「へ」が取れて「祝」となるべきだった看板は、少し寂しげにそのままたたずんでいる。「平泉世界遺産センター」の名で機能するはずだったビジターセンターは、現在「平泉文化遺産センター」という苦し紛れの名前となっていたし、JRのパンフレットには、「世界遺産」ではなく、「世界的遺産」という表現もあった。「世界遺産」の文字が使えない苦衷《くちゆう》がそこここににじみ出ているのであった。

精緻《せいち》な事前調査

少し、話はそれるが、イコモスによる事前審査での記載延期勧告が続いたため、この事前調査にどこの国のどんな人が来たのかが注目されている。最近の例をもう一度まとめてみよう。

二〇〇〇年に世界遺産に登録された「琉球王国のグスクと関連遺産群」では、中国の郭旃《ゴウ・チャン》氏で、専門は考古学。当時は中国イコモスの秘書長であった。〇四年の「紀伊山地の霊場と参詣道」では、韓国・ソウル大学の黄琪源《ファン・キーウォン》教授。そして、「石見銀山」に、オーストラリア人で建築が専門のダンカン・マーシャル氏。「平泉」では、スリランカ人で美術史や考古学が専門のジャガス・ウイーラシンハ氏であることは、すでに述べた。

このように、日本の物件の現地調査では、同じアジア・太平洋地区のイコモス委員がやってくるのが原則だ。もし、ヨーロッパから委員がやってきて、辛い評価をつけられると、「だからイコモスは欧米寄りなんだ！」と批判されかねないため、同じエリアの国から派遣するよう配慮しているらしい。もちろん、アジア人同士だからといっても、調査は微《び》に入《い》り細《さい》を穿《うが》つ厳しいものであった。郭旃氏の調査に同行した元沖縄県立博物館長の當眞嗣一《とうましいち》氏は、修復した部分の部材ひとつひとつをチェックされ、オリジナルを再現しているかどうか、仔細《しさい》に質問を浴びせられるなど、調査自体は非常に精緻《せいち》で緊張の連続だったと述懐している。この調査は、原則としてメディアの取材もシャットアウト。受け入れ側は、どこをどうチェックされるのか、神経をぴりぴりさせて委員を迎える。

この委員ひとりで判断を下すのではないと言われているにせよ、やはり、イコモスを代表してやってくる委員の質問や感想は、首を洗って審査を待つ身とすれば、かなり重く受け止めざるを得ないであろう。

再挑戦の戦略

世界遺産委員会での延期の決定の直後、カナダのケベック・シティに派遣されていた文化庁や岩手県の関係者は、日本に残るスタッフと連絡を取りながら、現地で、すぐに、次のような発表を行なった。中請したとおりの九資産で、もう一度推薦書を書き直し、三年後の二〇一一年の世界遺産委員会での審議を目指す。そして、それまで文化遺産については、日本のほかの遺産候補を先に推薦することはせず、平泉の再申請を最優先する、と。

これまで、逆転登録の石見銀山も含め、申請した物件が必ず世界遺産に登録されてきた日本政府にとって、この延期の報は、地元感情に勝るとも劣らないショックな出来事であっただろう。ユネスコの事務局長を送り込み、ユネスコへの拠出金もアメリカについで世界第二位という日本の申請物件が、なぜ世界遺産に登録されないのか、文化庁は面目《めんぼく》を失ったと感じたに違いない。それほど素早い次への対応だった。

その後、それまで六人だった推薦書作成委員会の委員に、イコモスの事前審査がきわめて重要な意味を持つという教訓から、イコモス関係者を二人加えて、八人と体制を強化、これまで入っていなかった宗教学者にもヒアリングし、一年近くかけて新たな推薦書の方針が出された。

これまでと大きく異なる点を挙げてみよう。まず、推薦名を「平泉——浄土思想を基調とする文化的景観」から「平泉——仏国土《ぶっこくど》を表す建築・庭園および関連の考古学的遺産群」とし、コンセプトを「浄土思想」から浄土世界全体を現わす「仏国土」に変えて、「文化的景観」の概念を取り下げた。次に、登録基準のうち、最初の事前評価でイコモスから、(ii)の登録基準を適用したほうがよいと指摘されたのを受けて、平泉の仏堂と庭園群が、六〜一二世紀の期間に、中国・朝鮮半島と日本列島との建築・庭園の意匠・設計に関する「価値観の重要な交流」を示しているという意義を強調した。そのために、骨寺村荘園遺跡、達谷窟、長者ケ原廃寺跡、白鳥舘遺跡の四資産を第一段階の推薦からはずし、中尊寺などが登録されたのちに、追加登録をする方向を目指す、とした点である。

「仏国土」という言葉は、聞き慣れない単語で、英訳してどうなるかはともかく、少なくとも、私たち日本人には、浄土思想以上に捉えどころがないように聞こえるが、どうであろうか？

この方針変更によって、世界遺産が近づいたのかどうかは、この原稿を書いている二〇〇九年九月時点ではなんとも言えないが、ひとつ言えることは、冒頭に述べたように、平泉の中心部にある文化財の価値を補強するために、国や県から世界遺産候補の仲間入りを奨《すす》められた資産が、一転して第一段階の推薦から外れるという、冷厳《れいげん》な事実である。

梯子《はしご》を外された地元

骨寺村荘園遺跡を抱える本寺地区では、一九九三年（平成五年）の大冷夏による凶作を教訓に、圃場《ほじょう》整備を行なう予定にしていたが、世界遺産の話が持ち上がると、事情は変わった。圃場整備を後回しにして、せっかくの中世の荘園そのものの曲がったあぜ道や自然のままの川を残すことで足並みをそろえることに決めた矢先に、今回の資産の絞り込みを聞かされた。多いときには二日に一度の割合で会合を繰り返し、ようやく村の意思を統一した地域の人にとって、この決定は、あまりにも一方的に感じるものであったことだろう。

皮肉なことに、第一段階の推薦から外れることを聞かされてから二カ月あまり経《た》った二〇〇九年七月、この地区の中心の国道沿いに、世界遺産を見たいという観光客の増加を見越して、地域の案内所、ガイド待機所、レストランを兼ねた骨寺村荘園休憩所が、古い民家を改造して完成した。畳敷きの落ち着けるその案内所で地元の人たちの話を伺った。

彼らは一様に、「あきらめずに、粘り強く世界遺産を目指します」とは言うものの、本音を探《さぐ》ると、「複雑です」「腹立たしい思いがないといえば嘘になります」という声が返ってくる。「追加登録で」という説明を心から受け入れているわけではないし、登りかけた梯子《はしご》を途中で外すような今回の決定に、国や県への不信感を滲《にじ》ませる人もいた。

また、平泉前史の重要な寺院跡である「長者ケ原廃寺跡」と、藤原清衡の祖先に当たる安倍《あべ》氏の居城《きよじよう》跡で、北上川が屈曲した地点に築かれた天然の要害《ようがい》である「白鳥舘遺跡」では、二年前からボランティアガイドによる無料案内を始めており、そのガイドの会の定例会にも参加して話を聞いてみた。せっかく無料ガイドの体制を整えても、構成資産からはずれたことで、訪問客が激減し、地域の歴史を伝える機会が奪われてしまった、と残念な思いを滲《にじ》ませながらも、決まったことは受け入れるしかなく、追加登録に期待したいという声が大勢だったが、やはり、第一段階の推薦からはずれたショックが大きいのか、いまひとつ元気が感じられなかった。

追加登録は果たして可能か？

世界遺産には、新規登録だけでなく、登録地の拡大、あるいは別の資産を既存の物件に編入するということが、よく行なわれる。代表的な例が、「**インドの山岳鉄道群**」である。これは、もともと、インド東部の町ニュージャルパイグリと紅茶の産地として名高いダージリンの間八八・四八キロメートルを結ぶ「ダージリン・ヒマラヤ鉄道」が一九九九年に世界遺産に登録されていたのに加え、インド南部の西ガッツ山脈を走る「ニルギリ山岳鉄道」が、二〇〇五年に世界遺産に登録される際に、二つ合わせて「インドの山岳鉄道群」としたものである。この物件には、さらに〇八年、「カールカー＝シムラー鉄道」が追加登録され、三つの山岳鉄道で構成される世界遺産へと拡大した。さらに、インドには著名な山岳鉄道として、もうひとつ「マーテーラーン丘陵鉄道」が存在する。インド政府は、この拡大登録も目指しており、すでに暫定リストには加えられている。

コロッセオやフォロ・ロマーノなど世界的に有名な遺産が登録されている「**ローマ歴史地区**」も、登録の一〇年後に、登録エリアの旧城壁内より外にある、サン・パウロ・フォーリ・レ・ムーラ教会（バチカン市国が領有）などを追加登録したため、イタリアとバチカン二カ国に跨《また》がる遺産となった。

このように海外では少なくない追加登録だが、実は、日本では、これまで一度もその実績がない。最初から過不足ない資産を登録しているから、というわけではなく、これまでも

「古都京都の文化財」を構成する一七件の寺社・城郭への追加、あるいは、一五年以上も暫定リストに記載されたまま本登録を待っている「彦根城」を、すでに世界遺産に登録されている「姫路城」に追加登録するという方策がないかなどで、話題に上ったことはある。しかし、具体的な追加登録の道筋が示されたことは一度もなかった。文化遺産を担当する文化庁は、これまで、新規登録に重点を置き、追加登録に対しては、消極的だったというしかない。

追加登録とはいえ、追加する資産をまた暫定リストに記載し、推薦書を書き、事前審査を受ける、という手順は変わらないので、手間は新規登録並みのエネルギーを要する。そんな中で、資産を絞り込み、二段階で申請する、つまり追加登録を行なうということが初めて具体的な議論の俎上《そじょう》に上ってきた。新規の登録を待つ暫定リストに、平泉以外にも、一一件も控えている日本で、果たして追加登録に精魂を傾ける余裕があるのか、当該地域の住民同様、私も疑問に感じるところが多いというのが正直な実感だ。

「延期」をどう受け止めるか？

登録延期は、資産の絞り込みという厳しい結果をもたらしたが、すんなり登録されなかったことによる効用もあったかもしれないと感じることもある。

平泉が提出した推薦書は、たしかに説明不足だったと私も思う。日本人の私が読んでも、浄土思想というものが、仏教以外の宗教や日本以外で独自の発展を遂げた仏教の中で、どのくらい特異であり、どう影響を及ぼし合っているか、浄土思想に基づいた景観というものが本当に他にはないのか、そもそも、この思想が現代の日本の人々にどんな影響を及ぼし、どう息づいているのか、そういったことを読み取るのが難しい推薦書であった。もし、このまま登録されていれば、コンセプトの吟味が十分でないまま、そして受け入れ側も自分たちの持つ資産の意味について十分説明できないまま、多くの観光客を受け入れてしまったに違いない。

また、「平泉ショック」は、この後述べる日本各地の世界遺産登録運動に冷や水を浴びせたが、それは、登録の見込みの薄い資産を抱える地域に、もう一度冷静に、世界遺産登録を今後も目指すべきかどうか、あらためて考える時間と心のゆとりを与えた面もあるような気もする。もちろん、これは、平泉が次回こそめでたく登録されるということが前提ではあるのだが、こうした試練は、地域の人にあらためて世界遺産の意義と目指す目的について考える機会を与えたと考えることもできよう。

石見銀山と平泉、何が明暗を分けたのか？

この章で、明暗を分けた二カ所の世界遺産登録の事情を概観した。登録に至るかどうかは、世界遺産委員会の参加者によれば、まさに「水もの」という面もあり、例えば、二〇〇七年に、石見銀山と平泉の双方を審議していたら、どうなっていたのか？　あるいは、平泉のほうが先に、つまり二〇〇七年に審議され、〇八年に石見銀山が審議されていたらどうなっていたのか？　さらには、審議の順番は変わらずとも、石見銀山が世界遺産委員会でも登録延期となっていたら、翌年の平泉にどのような影響を与えたか？　などの「歴史のｉｆ《イフ》」を考え始めると、それを正確に予測できる人はいないであろうし、また今となってはそもそも意味がない問いかけであろう。

そんな中で、結果を分けた差異を求めるとすれば、まず、石見銀山が鉱山という、世界各地にも存在する物件だったため、そもそも銀山とは何かを説明する必要はなかったのに比べ、平泉の場合は、京の都から遠く離れたみちのくの地に栄えた独特の仏教文化そのものの説明が、まさに「一《いち》から」必要であったというハンディがあったことがまず挙げられよう。

また、石見銀山が提示したコンセプトと実際の資産は、世界史に果たした役割を証明するには若干弱いところもあったが、おおむね齟齬《そご》なく重なり合っていた。しかし、平泉のコンセプトたる浄土思想を現世に再現したという現場は、かなりの想像力を駆使してもイメージをつかめず、しかも、最大の「可視的《かし》」な物件である金色堂は、コンクリート造りの覆堂《おおいどう》にがっちりガードされて、その特色をひと目で見ることができない（味わいのあるかつての木造の覆堂は、国の重要文化財に指定されており、近くに移築されて、内部に入ることもできる）。

浄土思想という独特の仏教観が欧米には理解されなかったという一般的な説には、私は少し疑問を感じている。なぜなら、キリスト教の訓《おし》えの中にも、「天国」（Heaven）と「地獄」（Hell）という考え方はあり、実際、例えば、ルーマニアの世界遺産「**モルドヴァ地方の修道院**」に登録された五つの教会の外壁に、まさに天国に召されんとする幸福な人々と地獄に落とされた苦しみを味わう人々が克明に描かれているように、まったく理解の範疇を超えているというものではないからだ。メキシコ・**オアハカ**や、巻末で紹介するブラジルの**オウロ・プレト**の黄金に包まれた教会は、その内部に佇んだとき、中尊寺金色堂を前にしたときと同じ「天上の世界」を思わせる感慨を抱いたし、〇九年夏に訪れたイタリア中部の町・**アッシジ**の聖フランチェスコ教会内部に描かれたジョット・ディ・ボンドーネによる聖人フランチェスコの生涯を描いたフレスコ画の一群には、全体として天国の静謐《せいひつ》さを表わしたような印象を受けた。もちろん、これはあくまで体感であって、学術的な裏づけはない。

ただ、その「浄土世界」を現世に再現した、と言われても、中尊寺と毛越寺以外、相当の想像力を働かせても、心の中での可視化もしづらいこと、九つの物件が、浄土思想という一本のストーリーに沿って辿《たど》るには、説明が難しかったことが、やはり苦戦の主要因だったと思われる。

あと、この両者で異なるのは、石見銀山を審議した〇七年の世界遺産委員会では、日本は、世界遺産委員会の委員二一人を出す国のひとつであったこと、しかし、平泉の審議を行なった〇八年には、委員を降りていたことである。委員会では、委員出身国の物件について、その委員は、発言をしない慣例になっているため、あからさまな応援演説はできないが、水面下の活動では、委員を出していることがやはり大きなアドバンテージとなる。発言をしなくても、委員会にその国の委員が出席している存在感は無視できないからだ。

また、石見銀山で成功した外交術を使った巻き返し作戦そのものも、二年連続ではかえって反発を招いたという面も、〇七年と〇八年の世界遺産委員会双方に出席した参加者の話を聞くと、否定できないようだ。

しかし、いずれ、平泉が世界遺産に登録されさえすれば、「石見銀山」と「平泉」の延期云々を議論すること自体それほど意味をなさなくなるだろう。何度も言うように、現在世界遺産に登録されたものの中には、一度は記載延期となったものが少なくないし、数度の記載延期を経て登録に漕《こ》ぎつけたものもあるからである。ただ、この「平泉ショック」は、単なる一過性の停滞にとどまらず、世界遺産登録への道筋が曲がり角に来ていることを強く印象づけた。

第五章

猫も杓《しゃく》子《し》も世界遺産

一〇〇を超える自治体が立候補

二〇〇六年と〇七年に、文化庁が募集した「世界遺産候補」のリストを眺めると、北から南まで、本当にきめ細かく網羅されているなぁと感心する。前述したように、この二年間で応募された物件は、三七件。一件の中にも複数の自治体が加わっているものも多いので、応募した自治体は、一〇〇を優に超えている。「四国八十八箇所霊場と遍路道」だけでも、五八の自治体がかかわっているのだ。しかも、これは正式な立候補であって、そこまで至らなくとも、地域独自でそういった構想を温めているところも含めれば、「皆さんのお近くにも、世界遺産を目指しているところがありますよ」といってもあながち誇張ではないという感じもしてしまう。この二年間に提出された申請は、表5の通りである（〇六年に申請された二件が翌年統合して一件になったので、表では三六件になっている）。

もともと世界遺産登録を模索していたところもあるであろうし、せっかく文化庁が応募しなさいといっているんだから、その気もあまりないけれど、一丁手を挙げてみるか、というところもあったことだろう。

「善光寺《ぜんこうじ》と門前町《もんぜんまち》」「妻籠《つまご》宿・馬籠《まごめ》宿と中山道《なかせんどう》」など、観光地としての知名度がすでに抜群のところもあれば、「近世岡山の文化・土木遺産」「最上川《もがみがわ》の文化的景観」など、玄人《くろうと》好み

これだけある、世界遺産候補

※図中の番号は、次ページの
物件リストに照合しています

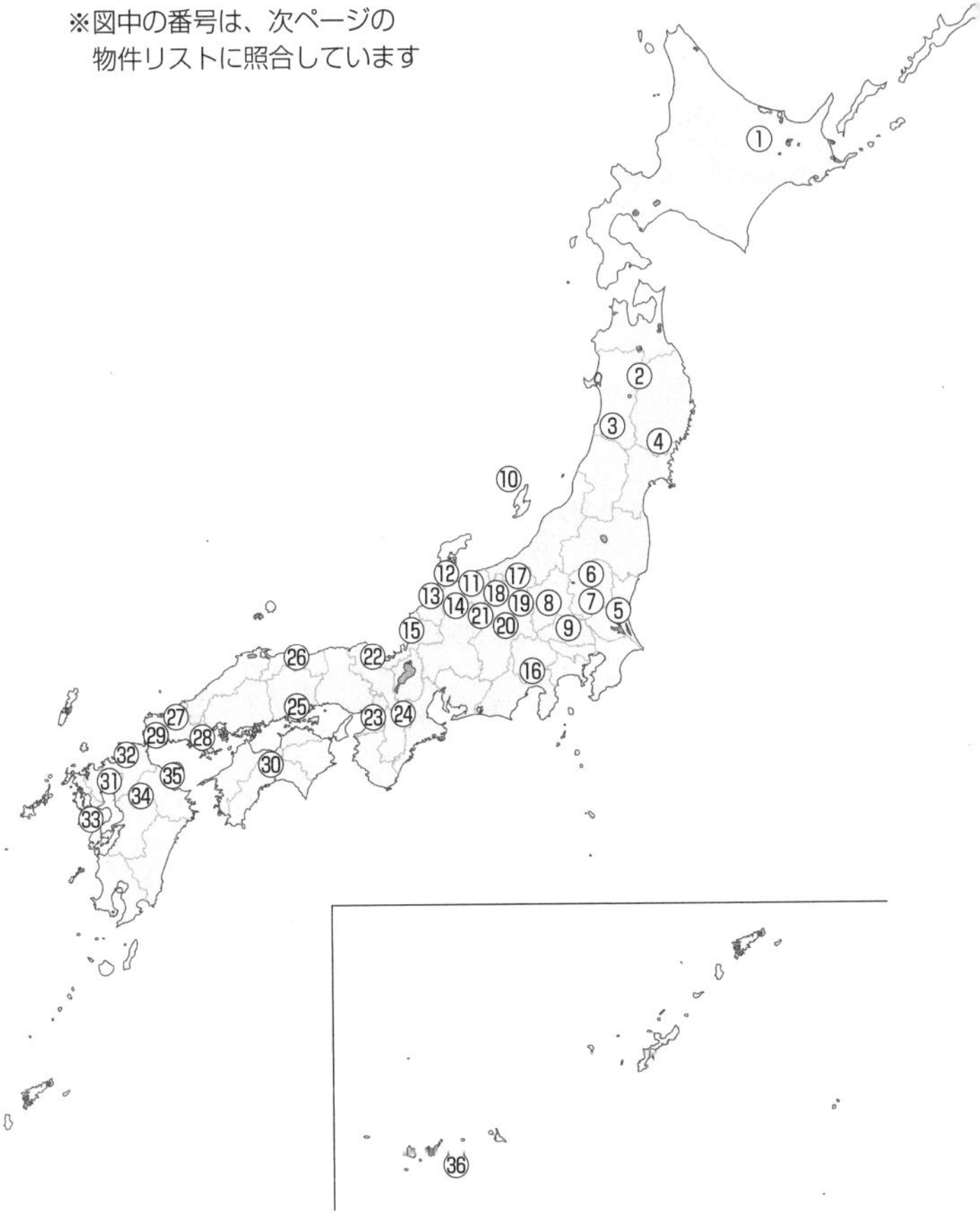

請した物件

⑳「妻籠宿・馬籠宿と中山道－『夜明け前』の世界－」（長野・岐阜）
㉑「飛騨高山の町並みと祭礼の場－伝統的な町並みと屋台祭礼の文化的景観－」（岐阜）
㉒「天橋立－日本の文化景観の原点」（京都）
㉓「百舌鳥･古市古墳群－仁徳陵古墳をはじめとする巨大古墳群－」（大阪）
㉔「飛鳥・藤原の宮都とその関連資産群」（奈良）
㉕「近世岡山の文化・土木遺産群－岡山藩郡代津田永忠の事績－」（岡山） ※閑谷学校（備前市）など
㉖「三徳山－信仰の山と文化的景観－」（鳥取）
㉗「萩－日本の近世社会を切り拓いた城下町の顕著な都市遺産－」（山口）
㉘「錦帯橋と岩国の町割」（山口）
㉙「山口に花開いた大内文化の遺産－京都文化と大陸文化の受容と融合による国際性豊かな独自の文化－」（山口） ※瑠璃光寺（山口市）など
㉚「四国八十八箇所霊場と遍路道」（四国四県）
㉛「九州・山口の近代化産業遺産群－非西洋世界における近代化の先駆け－」（福岡・佐賀・長崎・熊本・鹿児島・山口）
㉜「宗像・沖ノ島と関連遺産群」（福岡）
㉝「長崎の教会群とキリスト教関連遺産」（長崎） ※大浦天主堂（長崎市）など
㉞「阿蘇－火山との共生とその文化的景観」（熊本）
㉟「宇佐・国東－神仏習合の原風景」（大分）
㊱「竹富島・波照間島の文化的景観～黒潮に育まれた亜熱帯地域の小島～」（沖縄）

（網掛け）は、暫定リストに記載されたもの

注：②は、2006年の申請の際は、2件の申請だったが、07年には、1件に括って申請されたため、全体の件数は36件となっている。

表5　文化庁募集の「世界遺産候補」に正式申

①「北海道東部の窪みで残る大規模竪穴住居跡群」（北海道）
②「北海道・北東北の縄文遺跡群」（北海道・青森・秋田・岩手） ※三内丸山遺跡（青森県）など
③「最上川の文化的景観－舟運と水が育んだ農と祈り、豊饒な大地－」（山形）※出羽三山（鶴岡市・庄内町）など
④「松島－貝塚群に見る縄文の原風景」（宮城）
⑤「水戸藩の学問・教育遺産群」（茨城）※弘道館（水戸市）など
⑥「足尾銅山－日本の近代化・産業化と公害対策の起点－」（栃木）
⑦「足利学校と足利氏の遺産」（栃木）
⑧「富岡製糸場と絹産業遺産群」（群馬）
⑨「埼玉古墳群－古代東アジア古墳文化の終着点」（埼玉）
⑩「金と銀の島、佐渡－鉱山とその文化－」（新潟）
⑪「立山・黒部～防災大国日本のモデル－信仰・砂防・発電－」（富山）
⑫「近世高岡の文化遺産群」（富山）※瑞龍寺（高岡市）など
⑬「城下町金沢の文化遺産群と文化的景観」（石川） ※金沢城跡、兼六園（金沢市）など
⑭「霊峰白山と山麓の文化的景観－自然・生業・信仰－」（石川）
⑮「若狭の社寺建造物群と文化的景観－神仏習合を基調とした中世景観－」（福井）※明通寺（小浜市）など
⑯「富士山」（山梨・静岡）
⑰「善光寺と門前町」（長野）
⑱「松本城」（長野）
⑲「日本製糸業近代化遺産～日本の近代化をリードし、世界に羽ばたいた糸都岡谷の製糸遺産～」（長野）

の、あるいは最近の世界遺産の潮流を意識した渋めの物件もある。

「松本城《まつもとじょう》」のように、名城であることに議論の余地はないものの、すでに、姫路城が近世の日本の城郭の代表例として登録され、同じ城郭の彦根城が暫定リストに記載されて一五年以上、事実上の店晒《たなざら》しにされている現状を鑑《かんが》みると、登録は夢のまた夢、と考えざるをえないところもあるし、「**富岡製糸場《とみおかせいしじょう》と絹産業遺産群**」と「長野県岡谷《おかや》市の製糸遺産」、「足尾《あしお》銅山」と「金と銀の島、佐渡《さど》」のように、ほぼ同じ範疇に入る遺産が別々に申請されているものもある。

日本にある「普遍的価値のある文化」が地域の視点で丁寧に掘り起こされたユニークなリストとも読めるし、これが皆世界遺産になるかもしれないなんて、ありえないだろうという正直な感想も浮かんでくる、そんなリストである。

二〇〇六年の公募二四件のうち「**富士山**」「**長崎の教会群とキリスト教関連遺産**」など四件が「世界遺産暫定リスト」に記載、見送られた残りの一九物件に、新たな候補が加わって、〇八年に、二度目の審査が行なわれ、「**北海道・北東北の縄文遺跡群**」「**宗像《むなかた》・沖ノ島《おきのしま》と関連遺産群**」「金と銀の島、佐渡」「百舌鳥《もず》・古市《ふるいち》古墳群」「**九州・山口の近代化産業遺産群**」の五件がさらに暫定リストに「ふさわしい」と文化庁に認定された。それ以外のものは、継続審査となり、そのうち、類似のものがあまりなく、独自性が高いため、世界遺産登録の可能性があるものをカテゴリーⅠ、そのままでは、登録はきわめて難しいものをカテゴリーⅡとして、二段階に分類している。

曇り、のち晴れ、また曇りの佐渡《さど》

ところが、その二〇〇八年の五件のうち、最終的に、正式な暫定リストへの記載段階で、「金と銀の島、佐渡」と「百舌鳥・古市古墳群」の二件が見送られた。

「金と銀の島、佐渡」は、二〇〇六年の第一回目の公募では、暫定リスト入りは叶わなかった。高野宏一郎《たかのこういちろう》佐渡市長の言葉を借りれば、「島民の中に目標を失ったような脱力感も漂い、内外から心配の声が上がっていました」（佐渡市ホームページより）というほどの落ち込みようであった。

二度目の審査で、念願が叶い、その直後に発表された市長のメッセージには、「今回の暫定一覧表記載の知らせは、トキ放鳥に続く朗報で、『盆と正月が一緒に来たよう』の声が上がる喜びです」と書かれ、実際佐渡では、このニュースを祝って、提灯《ちょうちん》行列まで行なって、この決定を慶祝《けいしゅく》したのだ。ところが、二〇〇七年に世界遺産に登録された「石見銀山遺跡とその文化的景観」と内容的に重なりがあり、資産としては重要な価値があることは認めるものの、石見銀山とは別に単独で登録を目指すよりは、すでに世界遺産となった石見銀山にプラスする形で追加登録を目指したほうがよいのではないかという判断で、単独での記載は叶わなかった。最初は記載延期に泣き、二度目で記載決定を喜んだのもつかの間、また不記載に戻るというジェットコースターのような悲喜こもごもを短期間で味わってしまったのだった。

佐渡を抱える新潟県では、二〇〇七年に世界遺産登録推進室を立ち上げ、専任の室長以下、四人のスタッフが登録運動を支えているし、佐渡市にも「世界遺産推進課」という部署ができている。

課題となった石見銀山との協力体制という面では、二〇〇九年夏現在、まず、文化庁が調整をするということで、新潟県や佐渡市は、石見銀山に直接アプローチはしていない。一方、石見銀山側は、時代的な違いや、地域的な隔たりもあり、追加登録という案に、「はい、わかりました」と賛意を表明するには至っていない。もともと、石見銀山を世界遺産に推薦する過程で、佐渡とのさまざまな調整なども経たうえで登録を進めた経緯からも、何をいまさらという思いもないわけではないという話も聞いた。

こうした中、石見銀山の追加登録という形で本当に佐渡の登録が叶うのか、新潟県や佐渡市の担当者や島民はかなり不安であろう。単独登録の道筋もあきらめきれず、とりあえず今必要な、さまざまな資産の保護措置《そち》(具体的には、国の史跡や重要文化財指定を受けて、文化財保護法の保護下に置くこと)をとっていくということであるが、当面、どう運動を進めていけばよいのか、目標が見えにくい不安の中での運動となろう。

また、「百舌鳥・古市古墳群」は、巨大陵墓《りょうぼ》の多くが天皇陵のため、宮内庁の管轄となっている。宮内庁管轄の物件は、国の文化財保護法外にあたるため、国の史跡などの指定は受けていない。さらに、天皇陵であることから、推定で名前のついている「仁徳《にんとく》天皇陵」とか「応神《おうじん》天皇陵」が、本当にそれらの天皇の墓と断定できるのか、内部はどんな構造になっていて、どんな副葬品が納められているのかが調査されていない。ゆえに、普遍的価値を科学的に証明しづらいという点もあり、こちらも、最終的な暫定リストへの記載は見送られてしまった。

どちらも、二〇〇八年九月の記載物件の決定時点で「課題がある」とは指摘されていたが、結局、その課題がそのままネックとなって、一度決定されたことが、結果として覆《くつがえ》ったわけである。両地域の地元では、期待が大きかっただけに、見送りの決定に落胆したことだろう。文化庁の舵《かじ》取りはこれでよかったのだろうかと疑問符が浮かんでしまう経緯であった。

文化庁主導の公募の功罪

これまで、日本の文化財登録が、専門家によって一方的に決められたことを考えると、文化庁が、全国各地に、それぞれの地域で世界遺産に申請したいと思う物件の候補を挙げてもらうという試みは、透明性を高め、地域の自主性を促すという意味で、思い切った英断だと考えることができる。その地域では知られていたものの、全国的にその価値が認知されているとは言い難い、例えば、「近世高岡《たかおか》の文化遺産群」(富山県)、「宇佐《うさ》・国東《くにさき》——神仏習合《しゅうごう》の原風景」(大分県)などが、世界遺産に登録される可能性があるほどの価値があるものだということが内外に知られることの意味は大きい。地域外に知られることの重要性は、認知度の高まりなどすぐにもその効用が理解できるが、むしろ、その地域の住民に、「わが町の文化はそんなに価値があるのか」という、地域再発見の効用が大きいと私は考えている。

あとでも触れるが、一時期、日本一の養蚕《ようさん》・製糸大国だった群馬県では、つい最近まで養蚕は時代遅れ、昭和の遺物と考えられ、桑《くわ》の木を重機で引っこ抜き、梅や桃などの果樹栽培に切り替えることが農業の近代化と信じられ、桑畑の広がる風景は急速に失われた。屋根に空気抜きのための天窓《てんまど》を載せた総二階建て、時には総三階建ての養蚕仕様の農家は、大きすぎて冬は寒く、不便な住まいであった。その古い農家を現代風の住宅に建て替えるのは、都市生活の仲間入りをするための通過儀礼でもあった。見慣れた古びた農家の価値には、地元住民がほとんど気づかなかったのだ。

ところが、日本で最初の官営の大型製糸場で、歴史の教科書にも必ず記述がある富岡製糸場が、周囲の養蚕・製糸関連の施設とともに世界遺産への登録を目指し、二〇〇七年に世界遺産暫定リストに記載されると、失われた養蚕農家集落や桑畑の光景が、実は、富岡製糸場と比肩《ひけん》する重要な文化的景観であったことに、ようやく地元住民も気づき始めた。人は、身近なものの価値は、他人に教えられるまで、なかなか気づかない、ということを証明する典型的な事例といえた。

また、地域自らが申請するということは、当然住民の理解を得ることも必要であろうし、応援も必要だ。地域がひとつにまとまる旗印として、世界遺産公募は一定の効果をもたらしたということはいえるであろう。

国の役割とは？

その一方で、公募後のフォロー、調整などで課題も多いと感じる。

公募自体を二年で打ち切ってしまったことについては、「候補は出尽くしたのだから、あとは登録の可能性の高いものからフォローしていく。だから、梯子をはずしたわけではない」ということかもしれないが、なんとなく、どこにもいい顔をし、一方でどこにも確実な希望を与えていない。そんな中途半端さを感じてしまう。

ユネスコへの世界遺産候補の申請を、民間や地方自治体ではなく、必ず各国政府が行なわなければならない現状では、国が強い権限を有し、情報も集まるわけであるから、国の機関、日本の文化遺産で言えば文化庁がイニシアティブをとらざるをえない。どの物件を候補にするのか、候補間で、どの物件を優先してユネスコに推薦していくのか、候補の先送りをしたところに、今後どのような青写真を描けばいいのかを提示できるかどうか、国に課せられた義務は多い。しかし、二〇一一年のユネスコ世界遺産委員会に平泉をもう一度申請することは決まっているものの、その後の道筋は示されず、登録に名乗りを挙げたところは、暫定リストに記載されたところも、これから目指すところも、不安を抱えたまま立ち往生しているというのが実態だ。

また、平泉で見られるように、各都道府県が、それぞれの市町村に候補の提出を促して、ほぼ無条件に採択してしまったところは、今後、平泉同様の摩擦を生みかねない。

例えば、群馬県の「富岡製糸場と絹産業遺産群」も、「九州・山口の近代化産業遺産群」も、世界遺産登録のための本格的な推薦書の作成に対しては、現在の構成物件で十分かどうか、議論が起こるときも来るであろう。しかし、いったん、手を挙げさせておいて、住民の機運を盛り上げ、ボランティアなどでさまざまな活動をしてもらった後に、いざとなったら、優先順位をつけるので、今回は見送らせてください、と言われたら、平穏な気持ちではいられないのが人情だ（実際、〇九年一〇月下旬、「九州・山口の近代化産業遺産群」の専門家委員会はこれまで名前の挙がっていた二二件の資産のうち、福岡県田川《たがわ》市の伊田竪坑《いたたてこう》関連施設などをはずし、岩手県釜石《かまいし》市の橋野高炉《はしのこうろ》跡などを追加すると発表した。外された地域の心情もさることながら、いくら八幡製鉄所へ影響を与えたものとはいえ、「九州・山口」の遺産群に、岩手県の資産が加わることをどう考えたらよいのか、のちのち議論を呼びそうな決定である）。

もちろん、住民運動、地域運動として、結果にかかわらず、世界遺産を目指すことで郷土の歴史を再発見し、消えゆく文化を守ろうという機運が高まることは、決して悪いことではない。世界遺産に登録されるという結果だけがすべてではなく、きっかけや途中の過程もそれに劣らず重要だからだ。

とはいえ、例えば、異なる都道府県が似たような物件を提出している場合、それらを統合したり、ストーリーを作って融合したりというような、必要だと思われる調整機能を果たすことも十分とは言えず、ただ、二年間公募して一部有力なものをそのまま暫定リストに挙げました、というだけでは、リーダーシップを発揮しているとは言い難いという指摘もある。

「富岡製糸場」のほかにも、長野県岡谷市も製糸などにかかわる遺産群を提案しているが、お隣の県だというのに、群馬県と長野県の担当者が話し合った形跡もない。文化庁もそのあたりは、自ら動こうとはしていない。そもそも、日本の世界遺産を計画的に増やしたいと考えているのか、あるいは応募させることに意義を見出す〝オリンピック精神〟を重視したのか、そのあたりの国の意図を見えてこない。

「狂想曲」の陰に咲いた徒花《あだばな》と言われないためにも、応募してきたところ、暫定リストに記載され、世界遺産登録に希望をつなぎ、待ち望んでいるところには、十分なフォローを考えてもらいたいと思う。

私は、ハンガリーに旅行した二〇〇七年、世界遺産暫定リストに記載されている「**コマー**

ロムとコマールノの要塞群」（ドナウ川を挟《はさ》んで、ハンガリーとスロバキアの両岸に築かれたハプスブルク家建設の近代的な要塞群）で、ハンガリー政府が作成したと思われる一枚のポスターを目にした。それは、ハンガリーの暫定リスト記載物件が今後、どういう順番で何年をめどに世界遺産に申請するのかが一目でわかるように、遺産候補名と推薦予定年が記されたポスターであった。そして、その記載どおりに二〇〇八年、この要塞群は、世界遺産委員会で審議された（ただし、結果は記載延期となってしまった）。ほかの国でどうなっているのかまでは調べきれていないが、ハンガリーのように、明確な方針を打ち出し、その方針通りに順に申請をしていくという潔さは、見習う必要があるのではないかと考えている。

それでも、あきらめずに世界遺産を目指す

栃木県足利市《あしかがし》。市街地の南を渡良瀬川《わたらせがわ》が流れ、周囲にはなだらかな山地が広がる関東平野北縁の町である。その名の通り、室町幕府を開いた足利氏発祥の地であり、江戸時代以来の機織《はたおり》の伝統が、のちに足利銘仙《めいせん》を生んだ織物の町でもある。この町の中心には、日本の中世唯一の学校である足利学校と、足利氏の居館があった鑁阿寺《ばんなじ》が並び、市のシンボルになっている。このふたつの旧跡に郊外の樺崎寺《かばさきでら》跡を加え、足利市は世界遺産に名乗りを挙げた。最

近、久しぶりに足利を訪れたが、足利学校の敷地は美しく整備され、世界遺産登録を目指すポスターをあちこちで見かけた。

中世には武家の棟梁《とうりよう》の出身地として、また戦前から戦後しばらくは織物で栄えた足利も、繊維業の衰退に加え、東武伊勢崎線《とうぶいせさき》やJR両毛線《りようもう》は通っているものの、新幹線沿線からは離れ、東京のベッドタウンとして発展するほど都心に近くはないという地理的な条件もあって、町はどちらかといえば停滞気味であった。

そんな町を一気に元気づけてくれるもの、それが足利学校などの世界遺産登録への期待であったとしても、不思議ではないであろう。

二〇〇七年の二回目の文化庁からの公募に挑戦、そのときには、水戸《みと》の藩校弘道館《こうどうかん》、岡山の藩校閑谷《しずたに》学校なども立候補していたことから、文化庁は、学校関係の遺産を一括して、ひとつにしたらどうかと提言、いったん暫定リスト入りは見送られたものの（そのままでは登録に漕ぎつけることは難しいと考えられる「カテゴリーⅡ」）、新たな道筋が見え始めていた矢先に、「平泉ショック」が起き、文化庁も公募を打ち切ることを宣言した。

とはいえ、一度掲げた世界遺産への旗印を簡単には降ろせない。市では、教育委員会に世界遺産推進の担当者を置き、文化庁の指導どおり、足利学校関連遺産だけを抜き出して、ほ

学校遺産をまとめてみると——

上から、足利学校、閑谷学校（国宝）、弘道館（重要文化財）。国内の主な藩校・学校には、質実で簡素な美が備わっている。（写真提供／閑谷学校と弘道館は、JTB Photo）

かの地域と連携することも念頭に置きつつ、従来どおりのコンセプトでももう一度挑戦できないか、さまざまな研究・啓発活動に努めている。世界遺産についての行政による「出前説明会」もすでに三〇〇〇人を超える人たちに対して開いたという。世界遺産の対象となるお寺の総代会も世界遺産へ向けた取り組みを始めている。

果てしない道のり

冷静に考えれば、仮に二〇一一年に平泉が再申請で登録されたとして、その後に、現在登録の可能性がある「富岡製糸場と絹産業遺産群」「飛鳥・藤原の宮都とその関連資産群」「長崎の教会群とキリスト教関連遺産」など、二〇〇六・〇七年に暫定リストに掲載されたものが一年に一件ずつ順調に世界遺産に登録されるとしても、それらがすべて片付くのは早くても二〇一九年ごろになってしまう。一〇年先を見越して今から準備を積み上げることも大切だが、その頃には、世界遺産の総数も一〇〇〇件を超えているであろうし、新規登録の可能性が今と同程度あるのか、それともより厳しくなっているのか見通せない。いくら地域の文化を見つめなおす旗印といっても、せめて一〇年程度で登録の可能性が見えてこないと、運動はなかなか広がっていかないだろう。足利市が世界遺産登録にどんな道筋を描いて市民に提示できるのか、なかなか厳しい課題といえよう。

ちなみに海外にも、学校が中心となった世界遺産がある。アメリカ・バージニア州シャーロッツビル郊外の「**モンティセロとバージニア大学**」(バージニア大学は第三代アメリカ大統領トマス・ジェファソンが政界引退後、一八一九年に創設した大学で、教師と学生がともに学びあう姿を理想として、古代ローマの古典様式で建築された)、スペインの首都マドリードの近郊にある「**アルカラ・デ・エナレスの大学と歴史地区**」(世界初の計画大学都市で、「ドン・キホーテ」の作者セルバンテスの生地でもある)、ベネズエラの首都カラカス大都市圏にある「**カラカスの大学都市**」(一九四〇～六〇年代にかけて造られた大学を中心とした総合的な都市)、メキシコシティの「**メキシコ国立自治大学キャンパス**」などがあるが、いずれも歴史の古さではなく、建築様式や都市計画、壁画など外観の観点から登録されている。一方、ヨーロッパにある歴史の古い大学は、その建物が建つ地域が歴史地区として世界遺産に登録されている例はあるが(ポーランドの「**クラクフ歴史地区**」にあるヤギェウォ大学や、リトアニアの「**ビリニュス歴史地区**」にあるビリニュス大学)、ボローニャ、パリ、オックスフォードなどの歴史ある大学でも、世界遺産には登録されていない。

登録断念を明言した「最上川《もがみがわ》の文化的景観」

暫定リスト入りを目指した各地の公募物件の中には、私の目から見ても、その地域を代表する歴史遺産、文化景観とは言えても、その価値を世界にアピールするには、あまりにストーリーが脆弱《ぜいじやく》ではないのか、そういう物件も確かに散見された。

そんな中、二〇〇九年になって、世界遺産推進の音頭を取っていた行政側が正式に登録を断念するという自治体も現れた。

六月、その年の一月に現職を破って山形県知事に就任した吉村美栄子《よしむらみえこ》氏は、登録事業を正式に断念することを議会各派に伝えた。もともと、この「最上川の文化的景観」の登録運動は、前知事が強力に推進した事業だが、一月の県知事選挙では、この登録事業も争点となり、反対の姿勢を掲げた吉村候補が当選。当初の公約どおり、無駄な事業として、その中止を表明したという経緯がある。

この物件は、「舟運《しゆううん》と水が育んだ農と祈り、豊饒《ほうじよう》な大地」というサブタイトルがつけられている通り、江戸期から米や紅花《べにばな》を運んだ、日本最長の舟の道を登録しようというものだった。河川を主軸とする文化的景観は、他の地域にはない分野の資産だということで、文化庁は、「カテゴリーIa」つまり、「顕著な普遍的価値がある」と考えられるが、それを確実に

雪景色の杉木立に埋もれるようにして建つ「国宝・羽黒山五重塔」。世界遺産登録運動を断念した「最上川の文化的景観」の中に含まれていた物件である（写真提供／ JTB Photo）

証明するためのさらなる比較研究が必要という、比較的好意的な評価を与えていた。

それが、トップが替《か》わったことで、一転、中止に追い込まれたのである。

地元紙の記事には、これまで強気で市町村を引っ張ってきた県の手のひらを返したような対応に、「世界遺産は非現実的だと内心誰もが思っていたが、口に出せなかった」「完全に県に振り回された」などの声が上がっていることを伝えている。

その後、山形県のホームページには、正式に「世界遺産登録推進事業の中止について」というお知らせが掲載された。その中で、中止の理由として、登録への道のりが険しいことだけでなく、「県内全市町村長へのアンケート調査に加え、共同提案市町村に直接出向いて御意向をお伺いしたところ、登録推進事業を引き続き推進すべきという市町村長は三五名中六名と少数でした。県民の皆様から県に寄せられた御意見にも、登録推進事業を中止すべきというものが多数ありました」と、市町村や県民からも反対されていることが明瞭に書かれていた。なるほど、県は住民の意向を無視して、世界遺産登録に邁進《まいしん》していたんだな、ということがくっきりわかる、なかなか直截《ちょくせつ》的な表現となっており、トップが替わるというのはこういうことなのかと得心《とくしん》させられるお知らせである。

これは、結論がきちんと出たため、見えやすい構図になっているが、実は、世界遺産登録運動が政争の具に使われたり、地域に住む人の意を十分汲《く》まないまま、半ば強引に行政主導で世界遺産登録運動を行なってきた地域は、私が知る限りでも、一つや二つではない。そのことは、地元関係者には周知の事実だが、一般のメディアに正面から取り上げられることはあまりない。

オリンピックでさえ、行政トップの独断に近い形で招致運動が進められる昨今であるから、「地域振興」の美名の下《もと》に、世界遺産が神輿《みこし》に担《かつ》ぎ上げられることは、決して不思議なことではないだろう。もちろん、きっかけは個人の思いであれ、それが本当に地域の文化の保護や再発見につながり、有効に運動が広がっていくのであれば問題はないのだが、そういうところに限って、行政は説明責任も果たさず、またえてして世界遺産の本質的な意義や価値を理解していないため、運動は上滑《うわすべ》りに終わってしまう。

世界遺産登録という期限が設定しづらい事業に、行政が毎年毎年予算を計上していくことの是非は、この山形県の決断をきっかけに、もう一度考えるべき課題であろう。

税金を投入して行なわれる登録運動

世界遺産の登録推進を進める自治体の多くは、そのために専任の職員を置いている。世界遺産推進室などのように、独立した部署を持つところも数多くある。そこに配属された職員は、もしかしたら、福祉や医療など、より生活に密着した施策を進める部署に配属されるべき貴重な人材であるかもしれない。

さらに、取材の過程で、文化庁へ提出する「世界遺産暫定一覧表候補」への公募の申請書類を作るために、また暫定リストに登録された資産を抱える自治体が、正式なユネスコへの世界遺産登録の推薦書を作成するために、コンサルタント会社やシンクタンクに何千万円も支払って依頼しているケースが、稀《まれ》ではないということも聞かされた。そのことを、果たして地域の住民は知らされているのだろうかと、つい考えてしまう。

世界遺産の経済効果を考えれば、数千万円の支出など安いものだという考え方もあろう。しかし、外部に半ば丸投げして、地域の人が汗をかかないまま、知らないところで、地域の文化の価値を探る作業が進められることは、果たして、世界遺産の精神に合致するのだろうか。後述する沖縄県の例のように、それで世界遺産に登録されたとしても、観光客の誘致にはなるかもしれないが、地元の人の関心の高まりや、価値の理解という点で、結局、問題を積み残す結果になりはしないか。「狂想曲」は、それこそメディアが喜んで使うフレーズであるが、世界遺産は誰のためにあるのか、世界遺産登録は、そこまでして勝ち取らなければならないのか、重い問いを投げかけてくる。

経済学の用語に「合成の誤謬《ごびゅう》」という言葉があることは、ご存知の方も多いと思う。ミクロの視点では正しいことでも、それが足し上げられて合成されたマクロの世界では、かならずしも意図しない結果が生じることを指す。

最近の世界遺産登録の動きを見ていると、その言葉が頭を掠《かす》める。ひとつひとつの地域は、良かれと思って世界遺産を目指す。ところが、それがあまりにあちこちで起きると、激しい競争になって摩擦《まさつ》を起こす。また、その結果、世界遺産の数が増えれば、希少性が薄まり、価値が下がる（と言い切っていいかどうかはわからないが）。世界遺産を目指す気持ちを誰も責《せ》められないが、マクロで見ると、無用な競争に人的資源や費用を投入しているように見える。

次に登録されるべき日本の世界遺産は？

現在一四件ある日本の世界遺産。この仲間入りをする一五件目以降の物件は、まず、〇九年に審議され、延期された、国立西洋美術館本館を含む「ル・コルビュジェの建築群と都市計画」。早ければ、二〇一〇年に再び審議される。〇八年に「登録延期」された「平泉」

と、自然遺産候補の「**小笠原諸島**《おがさわらしょとう》」については、どちらも、〇九年九月に暫定推薦書がユネスコに提出された。したがって、二〇一一年の世界遺産委員会で審議されることがほぼ決定している。それでは、そのあとは、可能性の高さも含めて、どこが推薦されるのだろうか。

これは、地域それぞれの思いもあり、軽々《けいけい》に推測するのは難しいが、永年店晒し状態にある「彦根城」「古都鎌倉の寺院・社寺ほか」などは、現況を変える決定打が見つかったわけではなく、決め手に欠ける。「鎌倉」は、武家の都というコンセプトを掲げているが、残された資産は神社や寺院が中心で、武家が政治を執《と》り行なった館《やかた》は、まったくといってよいほど残っていない。最近、「武家」を国際語である「さむらい」として、わかりやすさを目指しているようだが、普遍的価値の証明という点で、苦戦は否めない。

自然遺産から、日本人の信仰と美意識に多大な影響を与えた文化遺産へと方針転換して暫定リスト入りした「富士山」も、地域のまとまりや保護プログラムの点で、課題が多い。

それ以外の「富岡製糸場と絹産業遺産群」「長崎の教会群とキリスト教関連遺産」「飛鳥・藤原の宮都とその関連遺産群」「北海道・北東北の縄文遺跡群」「九州・山口の近代化産業遺産群」「宗像・沖ノ島と関連遺産群」にも、それぞれ宿題が出されており、どこがその課題をクリアして手を挙げるのか、予断を許さない。おそらく、この本が出版されたのちの二〇〇九年末から一〇年初めにかけて、「ポスト平泉」の具体的な候補地が決まってくると思うが、文化庁はどう優先順位をつけるのか、登録運動を進める地域では、大きな関心が持たれている。願わくば、政治的な力学や駆け引きではなく、純粋に文化的価値の観点から、決定に至る過程もオープンな形で私たちに示して欲しいと感じるのは、私だけではないだろう。

「落選」「断念」海外の事例

これまで、日本の世界遺産登録を目指す事例を見てきたが、日本では、それ自体大きなニュースになる「世界遺産落選」や「世界遺産断念」は、海外では珍しくない。ユネスコの世界遺産委員会で、毎年、どんな物件が審議され、登録されたか延期されたかをチェックすると、その姿が浮かび上がってくる。

シリアの世界遺産「**古代都市アレッポ**」は、一九七九年というかなり早い段階で世界遺産委員会の審議にかけられたが登録延期。翌年も翌々年も延期で、八三年にも登録延期。保存のための都市計画がすべてユネスコから不十分と言われて、つき返されている。八六年、五度目の審議でようやく登録された。

世界遺産が最も多いイタリアでも、登録延期の例は枚挙《まいきょ》に暇《いとま》がない。今では、代表的な世界遺産となっている「**ローマ歴史地区**」も「**ヴェローナ市街**」も登録延期の憂《う》き目に遭《あ》っている。二〇〇七年に登録されたシドニーのオペラハウスは、ずっと以前八一年に事前審査で、登録延期を勧告され、世界遺産委員会では、審議を辞退している。登録に漕《こ》ぎつけたのは、何と二六年後である。

ドイツの観光地としても知られる「**ハイデルベルク城と旧市街**」は、二〇〇五年と〇七年にともに、登録延期となり、今、次の機会をうかがっている。

ボスニア・ヘルツェゴビナの「**サラエボ**」は、八六年に登録延期、九九年には世界遺産としての普遍的な価値が認められないとする「不記載」の烙印《らくいん》を押され、その後申請の様子がうかがえない。このまま断念するかもしれない。

このように、日本で起きている登録を巡《めぐ》る悲喜こもごもは、程度の差こそあれ、海外でも起きている。そして、「落選」も、むしろ当然あるべきものとして受け止め、概して冷静であるのは、日本との大きな違いであろう。

第六章

曲がり角の世界遺産

る。

「危機遺産」の誤解

第三章で述べたように、世界遺産は、遺産を「保護」することが目的で生まれたものである。

ところが、世界遺産はいつの間にか、有名観光地の登録合戦のような様相を帯び、それが誤解を与えて、「世界遺産は、素晴らしい自然や遺跡にお墨付きを与えるもの」というイメージが定着した。それどころか、世界遺産登録までは静かだった場所が登録とともに、観光客が殺到、「保護」という観点からは、かえって逆効果になってしまったようなところが少なくない。何のための世界遺産だったのか？　と、思わずにはいられない、由々《ゆゆ》しき事態の到来である。

毎年開かれるユネスコの世界遺産委員会では、新規物件の審議の前に、「危機遺産」に関する審議が行なわれる。「危機遺産」とは、地震や洪水、火山の噴火などの自然災害、大気汚染、水質汚染などの公害、ダム建設や都市化の進展などの開発、内戦など、世界遺産に登録された物件が深刻かつ緊急の救済措置が必要とされる場合、「危機にさらされている世界遺産リスト」に記載し、当該国だけでなく、発展途上国の場合にはユネスコそのものも危機の救済に乗り出す仕組みである。

二〇〇九年の世界遺産委員会を終えて、現在危機遺産は三一件、「**ガラパゴス諸島**」や「**コソボの中世の記念物群**」などがリストに名を連ねている。登録抹消の危機にあった「ケルン大聖堂」も、二〇〇四年から〇六年まで、危機遺産となっていたし、二〇〇九年世界遺産を取り消された「ドレスデン・エルベ渓谷」も、二〇〇六年から危機遺産となっていた。

しかし、私は、この「危機遺産」というカテゴリー分けには、ずっと疑問を感じていた。例えば、日本の世界遺産登録物件には、過去もそして二〇〇九年現在も、危機遺産リストの仲間入りをしたところはひとつもないが、数年おきに、高潮や台風で社殿の損壊を繰り返す「**厳島神社**《いつくしま》」も、土産物店や飲食店が増えて、かつての静穏な山村集落の姿が失われたという指摘もある「**白川郷**《しらかわごう》**と五箇山**《ごかやま》**の合掌造り**《がっしょう》**集落**」も、私から見れば、十分に危機遺産である。ひとつひとつの社寺は守られているとしても、町家《まちや》がマンションに取って代わり、玄関口であるJRの駅ビルと町並みとの調和に疑問符をつけざるをえない京都も、古都の風情も重要な要素だと考えるならば、十分危機に陥っていると、私の目には見えてしまう。

つまり、世界遺産は、すべからく「危機遺産」であり、だからこそ、世界遺産に登録して守るべきなのでは？　という、世界遺産の原点に立ち返ることがまず必要だと思えて仕方がないのである。

換言《かんげん》すれば、「世界遺産の中に一部の危機遺産がある」のではなく、「危機にある遺産を守るために世界遺産という仕組みがある」という「はじめの一歩」の意味を、もう一度考えなければならないのではないかということである。

「抹消」は、やむなき手段なのか？

そういう意味では、二〇〇七年に抹消されたオマーンの「アラビアオリックス保護区」、二〇〇九年に抹消された「ドレスデン・エルベ渓谷」も、危機が回避されたから世界遺産を抹消されたのではなく、危機が深まって後戻りできないところまで来てしまったので、登録を取り消したという判断は、果たして、世界遺産の精神に則《のっと》って適切だったのだろうかと考えてしまうのである。

実際、その物件の「顕著な普遍的価値」を厳しく吟味した形跡がないまま、危機に陥ったことで、緊急に近い形で世界遺産に登録された例がいくつかある。大地震で、かなり崩壊してしまったイランの「バム遺跡」（「**バムの文化的景観**」）や、タリバーンにより、最大の石像が破壊されてしまった「バーミヤン遺跡」などがそれに当たる。しかし、アブ・シンベル神殿の救済を思い起こせば、これが世界遺産の本来の理想的な姿かもしれないのだ。

だとすれば、登録を抹消された二つの物件も、抹消ではなく、世界遺産に登録したまま、さらに厳しく監視するという選択肢もあったかもしれないとも考えてしまうのである。

富士山は、「ごみ」のために世界遺産になれないのか？

現在、文化遺産として世界遺産暫定リストに名を連ねている「富士山」は、かつて自然遺産として世界遺産への登録を試みたことがある。しかし、山麓の樹海に大量のごみが捨てられていたり、登山道の周囲も惨憺《さんたん》たるありさまだったりで、それが原因で世界遺産にはなれないのだ、という報道がよくなされた。

しかし、この「ごみの山、富士山は世界遺産になれない」という報道は、実は正しくない。自然遺産への登録には、第三章で述べたように、「素晴らしい自然現象やひときわすぐれた自然美を持つこと」「地球の歴史上の主要な段階を示す顕著な見本であること」「生態学的、生物学的なプロセスを示す顕著な見本であること」「生物多様性において、重要かつ意義深い自然生息地を含むもの、また絶滅危惧《きぐ》種が存在するもの」などの登録基準があり、そのうちの最低ひとつは満たしていなければならない。

富士山は、生物学的に貴重な動植物が多数棲息《せいそく》しているとは言えず、また世界規模で地質学的な重要性があるとも言い切れない。独立峰なので美しく裾野《すその》を引く姿は印象に残るが、世界に目を向ければ、同様の独立峰は多数ある。トルコのアララト山も、アメリカ・ワシントン州に聳《そび》えるマウント・レーニエも、富士山よりはるかに標高が高く、同様に見事な山容を持つ独立峰だが、世界遺産には登録されていない。ごみがあろうがなかろうが、少なくとも自然遺産としての登録基準を満たしていなかったと考えてよいだろう。

しかし、逆に、もし富士山が自然遺産として守るべき顕著な普遍的価値があったとしたならば、バム遺跡やバーミヤン遺跡の登録の過程を考えれば、ごみに埋もれているからこそ、危機から救済するために世界遺産に登録するということは、理念上はおかしくない。

世界遺産に登録されれば、遺産は本当に守られるのか?

少し、極論に傾いたきらいがあるので、話を戻したい。危機的なものこそ世界遺産に、というのが言い過ぎだとしても、世界遺産に登録されたものについては、ユネスコもその当該国も、もちろん地元の人たちも、その価値を守らなければならない、そのことに異論はないであろう。

ところが、世界遺産の知名度が上がり、観光地のお墨付きを与える役割が強まったことで、世界遺産登録により、かえって危機に陥っているところがいくつもあるように見える。とりわけ、脆弱で影響を受けやすい自然環境を抱える自然遺産にその傾向は強い。

わが国初の自然遺産、屋久島。もちろん、登録以前も屋久島の存在はよく知られ、ヤクシカやヤクザルなど固有亜種の棲息や、植物の典型的な垂直分布など、教科書的な知識を学ぶにも、この島はよく語られてきた。しかし、本土から見て、鹿児島市のさらに先の東シナ海に浮かぶ屋久島はかなり遠く、宿泊施設や観光施設などの受け入れ態勢も十分でなかったこともあって、「名前は知っているが、旅行先とは考えない」という人が大部分だった。

しかし、旅の多様化、環境意識の高まり、宮崎駿監督のアニメ「もののけ姫」の舞台設定の地と俗に言われる「白谷雲水峡《しらたにうんすいきょう》」の知名度の上昇など、さまざまな要素が重なって、いまや屋久島は、登山客や秘境好きの観光客だけでなく、気軽な団体客、あるいは若い女性の間でも、行ってみたい島として、脚光を浴びつつある。そして、その多くが、徒歩で最低でも三時間以上は山道を歩かなくては辿《たど》り着けない屋久島のシンボル、縄文杉を目指す。しかし、登山道はシーズンには渋滞し、人をやり過ごすために、登山道を外れた客が、杉の根の上を踏み荒らし、ダメージを与える。そんなことが日常茶飯事になった。こうしたオーバーユース（過剰利用）は、日本だけでなく、世界各地で起こっており、屋久島も、また同じ自然遺産である**知床**でも、入山人数の制限が検討されたり、実際に行なわれようとしている。

もし、世界遺産に登録されていなければ、こんなことは起こらなかったのに、と考えると、世界遺産の「罪」をあらためて考えてしまう。もちろん、こうした「たられば」をいまさら蒸《む》し返しても仕方がないかもしれないし、保護という観点からも、世界遺産に登録されたことによるメリットは少なくないであろう。ただ、世界遺産登録による悪影響も十分予想して、そのための対策をきっちり立てておかないと、対策が後手後手に回ることは否めない。

簡単に入れない白神《しらかみ》山地

比較的簡単に、世界遺産に登録された中枢に辿り着ける屋久島や知床と違い、もうひとつの日本の自然遺産「白神山地」は、「世界遺産を訪れた」と観光客が思っていても、実は、そこは厳密には世界遺産ではない、というくらい、登録エリア（専門用語では、世界遺産核心地域）に入るのが難しい地域である。

白神山地の代表的な観光地である十二湖《じゅうにこ》は、世界遺産エリアではないどころか、核心地域を守るために設けられたバッファゾーン（緩衝《かんしょう》地帯）ですらないし、東部の青森県西目屋《にしめや》村の側から入ろうと思っても、白神山地の代名詞的存在であり、一時間の徒歩によるアプローチが待っている「暗門《あんもん》の滝」でさえ、核心地域には入っていない。

白神山地は、保護すべきブナの原生林が広がる地域は、容易にアクセスできる道路がほとんどなく、また入山もガイドの同行がなければ原則としてできないようになっているため、真の世界遺産には触れられないのだ。白神山地の標高はそれほど高くなく、最高峰の向白神《むかいしらかみ》岳《だけ》でも、一二五〇メートル程度と、東京近辺でいえば、神奈川県の箱根山《はこねやま》（最高峰で一四〇〇メートルほど）や丹沢《たんざわ》の大山《おおやま》（標高一二五二メートル）と同程度かそれより低いくらいで、もっとアクセスしやすいように思うが、緯度が高い分、山が深く、積雪も多いため、人跡未踏《じんせきみとう》の部分も多く、核心地帯へは辿り着きにくくなっている。しかし、そのために、知床や屋久島で見られるようなオーバーユースやそれに伴う自然破壊という点では、まだ救いがあるといえよう。

文化遺産にもあるオーバーユースの問題

こうした過剰利用の問題は、自然遺産だけでなく文化遺産にもあてはまる。特に、世界遺産登録前は、それほど知名度が高くなかったところが、登録とともに、いきなり、全国区あるいは、世界的に知名度を上げることによって生じることが多い。

　一九九五年に登録された「白川郷・五箇山の合掌造り集落」のうち、最も規模の大きい中心的な集落である白川村荻町《おぎまち》はその典型であろう。かつて、冬には交通が途絶《とぜつ》し、豪雪に閉ざされた過疎地は、世界遺産登録と、その後、高速道路が延伸されて、ついに村の脇に東海北陸道のインターチェンジができたこともあって、観光客が急増。昔ながらの狭い道に観光バスやマイカーが殺到し、連休などには、生活道路にも観光客の車があふれ、住民が車で外出することもできない状況にまで陥った。バイパスや駐車場の整備でこうした事態も改善されたが、一方、村のメインストリートには、土産物屋や食堂などが並び、にぎやかさを好む人、お土産を物色する人には好評かもしれないが、山里の集落の静けさの中にある合掌造りを楽しみにしてきた人にとっては、風情を味わえないような雰囲気が生まれてしまった。

　石見銀山の中心、大森も、第四章で触れたように、現在は原則として、伝統的建造物群保存地区の中には観光客の車は入れない、パーク・アンド・ライド方式を採用している。しかし、少しずつ観光客向けの店舗が増えているし、まだ世界遺産登録前だというのに、暫定リスト入りして一気に観光客が増えた群馬県の富岡製糸場の周辺の町並みも同様である。

　また、大勢の人が見学をすると、遺跡や建物そのものに悪影響を及ぼす可能性のあるものにも、入場制限が設けられている。イタリア・ミラノの「サンタ・マリア・デレ・グラツィエ教会」に描かれたレオナルド・ダ・ヴィンチの「最後の晩餐《ばんさん》」の見学は、原則予約制とし、一度に入れる人数を制限しているし、エジプト・ギザのピラミッドで最大のクフ王のピラミッドでも予約制による人数制限が行なわれている。人間の呼気などが遺産の劣化をもたらす恐れがあるということからの制限である。

自然遺産の「観光客受け入れ施設」をどう考えるか

自然遺産の環境破壊を考える際に、観光客の数だけでなく、それを受け入れる施設側の問題も、考えさせられることが多い。

一九九二年に世界遺産に登録された中国・湖南《こなん》省の「**武陵源**《ぶりょうげん》」。地殻《ちかく》変動と風雨の侵食により、石英《せきえい》質の岩峰が無数に林立する素晴らしい景観と多くの希少動物の棲息が評価されている実に美しいエリアである。世界遺産登録以前は、交通が不便だったこともあり、訪れる人も少なかったが、二〇〇八年の入り込み客数は、一六〇〇万人。まさに観光客が殺到する状況が続いている。

この武陵源の中心地区に、麓《ふもと》と岩峰を結ぶ最新鋭のエレベーターが設置された。三二六メートルの高さをわずか二分弱で結ぶエレベーターは、「百銀天梯《ひゃくぎんてんてい》」（梯は、はしごの意味）と名づけられ、武陵源の重要な観光スポットになっている。しかし、山水画を彷彿《ほうふつ》とさせる昔ながらの自然の山に、ガラス張りの最新鋭のエレベーターはいかにもそぐわない。これでも、ロープウェイを架《か》けるよりは、自然破壊は抑えられるというのが、観光業者の言い分だ。生活のための橋を架けようとして、世界遺産を取り消されたドイツ・ドレスデンと、景観を台無しにする観光用のエレベーターを山中に造っても危機遺産にすらならない武陵源。これで公正と言えるのだろうかと疑問符が浮かぶのは、私だけではないだろう。

同様のことは、アメリカの「**グランドキャニオン国立公園**」でも起きている。峡谷を見下ろす崖の上に、二〇〇七年によりよく渓谷を覗き込むために空中に張り出したガラス張りの通路、「スカイウォーク」が作られたのだ。足元のガラスを通じて、深さ一二〇〇メートルのコロラド川の渓流をはるか眼下に見下ろすことのできるこの施設は、観光客にも人気が高い。しかし、これも本当に必要なのかと考えると、景観への影響を最小限にとどめるほかの選択肢もあったのではないかと思えてしまう。

〇九年夏に、世界遺産「ローマ歴史地区」の中でも最も有名な建造物のひとつ、コロッセオを訪れたときにも、エレベーターが設置されているのを見て驚いたし、これは世界遺産で

世界自然遺産「武陵源」に現われた巨大エレベーター（写真提供／サーチナ／ CNS PHOTO）

はないが、アルプスのモンブラン山群を間近に仰げる絶景の展望台、エギーユ・デュ・ミディ（標高三八四二メートル）の峰の上には、よくぞこんなところに建てたという展望台があり、ロープウェイで簡単に行くことができる。もし、これが世界遺産に登録された後であれば、許されるのであろうか？　などと考えてしまうほど、大自然の山塊の中では異質な建物である。そうした目で見れば、スイスアルプスの世界遺産「ユングフラウ」（正式名称は、「スイスアルプス――ユングフラウ、アレッチ」）の山頂近くにある展望台ユングフラウヨッホも、長い歴史ゆえにすっかり風景に溶け込んでいるようでも人工的な夾雑物《きょうざつぶつ》であることは間違いない。

こうした施設に高齢者や障害者への配慮という面があるのも、もちろん理解できる。自分もそうした施設があれば、利用してしまうだろう。しかし、繰り返しになるが、こうした施設は許されて、より生活に密着した渋滞解消のための橋の建設は許されないのか。このあたりは、あらためて、世界遺産は誰のためにあり、何を守るためにあるのか、という根源的な問いに絡《から》んでくるだけに、整理が必要ではないのだろうかという気がしている。

世界遺産一〇〇〇件時代を迎えて

世界遺産はどこへ行くのか？　世界遺産に関心を寄せる多くの人たちにとって、大きな興味のひとつは、世界遺産はこのまま半永久的に増加していくのかということであろう。

一九七八年、エクアドルの「**キト市街**」やカナダの「**ナハリ国立公園**」など、一二件というこじんまりした数でスタートした世界遺産は、いまや八九〇件という大所帯になった。世界遺産の正式名称は、とても長いものもあるので（たとえば、「**コルシカのジロラッタ岬、ポルト岬、スカンドラ自然保護区とピアナ・カランシュ**」）、おそらく、ユネスコの世界遺産関係者でさえ、八九〇の遺産名をすべて諳《そら》んじている人はいないであろうと思われるほど、その規模は広がってきている。

例年通り二〇件程度の登録であと五年、二〇〇九年の一三件という少ない数字を元に計算しても、八年後の二〇一七年ころには、世界遺産は一〇〇〇件の大台に乗ることがほぼ見えてきている。

ユネスコは、今まで一言も世界遺産一〇〇〇件という数字の持つ意味について、正式には言及してはいないが、遺産保護のモニタリング（監視）に、現状でも、世界遺産の数が多すぎて苦労しているという発言を関係者がたびたびしていることを考えると、一〇〇〇件が目前に迫ったり、あるいは、一〇〇〇件の大台に乗った時点で、今後世界遺産の数的規模をどうするか、何らかの形で表明することも考えられる。

二〇〇九年秋で一〇年の任期を終えた松浦晃一郎《まつうらこういちろう》ユネスコ事務局長は、退任直前、八月一一日の読売新聞紙上で、単独インタビューに答える形で、世界遺産についての考えを吐露している。その中で、世界遺産の登録数について、「二〇〇〇になったら多すぎるとは思うが、一五〇〇くらいが適正なのではないか。上限を気にせず、世界遺産登録を積極的に目指すべきだ」と、明瞭に上限数に言及している。筆者は、これまで松浦氏の講演を、オープンなもの、関係者限定のクローズなものも含め、何度も聞いているし、著書をはじめ、世界遺産について触れた言葉もできる限りフォローしてきたが、以前はもっと低い数字を上限と話しており、一五〇〇件という数字を明確に打ち出したのは、初めてのことである。ただ、退任を前にしたリップサービスとも受け取れるし、退任すれば、当然、影響力を行使することはできなくなるので、彼の思いが、ユネスコ共通の揺るぎない考え方になっているとは考えにくい。

世界遺産の再整理の必要性

登録件数については、数字のマジックを駆使すれば、実質的な登録数を変えないで、見かけ上の現在の件数を減らすことは難しくない。地域的、内容的に近似、類似の遺産をまとめてしまえばよいからだ。ともに、ローマ帝国が北辺の守りとして築いた、イギリスの「ハドリアヌスの長城」と、ドイツの「リーメス」を、国境を超えて、ひとつの世界遺産「**ローマ帝国の国境線**」として括《くく》ったり（のちに、さらにイギリスの「アントニヌスの長城」が加わった）、ベルギーの主要都市に聳える鐘楼《しょうろう》を登録した「フランドル地方とワロン地方の鐘楼」に、新たに隣接するフランス北東部の鐘楼を世界遺産にする際、やはりまとめて、ひとつの遺産「**ベルギーとフランスの鐘楼**」として括ったりしたように、現在登録済みのものでも、まとめられるものは少なくない。

例えば、パリからさほど遠くない「**アミアン大聖堂**」「**シャルトル大聖堂**」「**ランスのノートル・ダム大聖堂、サン・レミ旧大修道院、トゥ宮殿**」「**ブールジュ大聖堂**」の四件は、地理的な近接性とほぼ同時代の同一様式の建築物だということに着目し、「フランス北中部のゴシック様式の大聖堂」として、一件に押しこめることは、理論上は可能だ。これで、三件の世界遺産を減らすことができる。

スペインとフランスで別々に登録されている「サンティアゴ・デ・コンポステーラの巡礼路」も、アルゼンチンとブラジルで別の物件になっている「イグアス国立公園」も、本来なら一件の世界遺産であるべきであろう。

乱暴に聞こえるかもしれないが、「古都京都の文化財」と「古都奈良の文化財」、そして奈良の文化財のうち最も南西にある薬師寺とはわずか一〇キロメートルも離れていない「法隆寺地域の仏教建造物」も含めて、「古都奈良と京都の文化財」として括っても、実質上の問題はないように見える。もし本当に〝数字〟にこだわるなら、つまりどうしても上限を設けようというのなら、こうした操作により見かけ上の遺産の数を減らすことは可能である。しかし、裏を返せば、操作できる数字にさほどの意味はないとも考えることができるし、こうして冷静に世界遺産を見れば、国を跨《また》ぐ五四もの鐘楼を一件の世界遺産に括る一方で、アミアンとランスという相似形のゴシック教会を別々に登録する整合性のなさは、放置しておいてよいのかということにも思いが至る。

数字のお遊びはともかく、要は、ユネスコが本当に今後も保護を必要とする人類の至宝を守っていく決意を見せるならば、その必要性を国際社会に訴え、人員も予算も増やして、上限を設けることなく、世界遺産を増やせばよいし、それが難しいのであれば、これまで登録されたものをもう一回振り出しに戻し、あらためて、必要なものから登録し直していくくらいの英断が必要であろう。いずれにしても、一〇〇〇件という数字は、世界遺産を見つめ直す良い契機になることは間違いない。

「俗化」の進む世界遺産

この本でたびたび言及する「石見銀山」が世界遺産に登録されて丸二年が過ぎた。一時のブームは去り、落ち着いてきたように見えるが、一般の団体客が訪れるような観光ルートに組み込まれたことにより、石見銀山を訪れた人の中から、「世界遺産だというから行ってみたけれど、ひなびて冴えない小さな町と、トロッコも作業現場の再現もないただ一本の坑道を歩くだけで、はっきりいえばつまらなかった」という声が感想として寄せられるようになったと聞く。第四章で触れた「がっかり観光地」の評判が現実のものとなっているのだ。遺産の意義を理解してもらいたいという気持ちから、石見銀山の世界史における位置づけなどの説明をすると、あとで、「ガイドの解説がうるさかった」などの反応が寄せられることもあるという。

「紀伊山地の霊場と参詣道」の主要なコースである熊野古道では、ハイヒールで石畳を歩いて、足をくじいて救急車の出動を要請したり、バスでしこたまお酒を飲んだあとに、古道を歩こうとして、酔っ払ってしまい、歩ききれなくて、添乗員の助けを借りて、バスに戻ってしまったりという例が少なくない、という話も、現地の自治体職員の方から聞いた。

あるいは、富岡製糸場の売店に、観光地然とした土産《みやげ》物やお菓子が置いていないことに怒り出す人もいるという話も聞くと、結局、観光客は、日本の近代化の記念碑たる壮大な工場遺産に感動するよりも、「世界遺産（候補）せんべい」や「富岡製糸場まんじゅう」を買って、近所や会社の仲間に配るために訪れたのかと考えてしまう。

しかし、旅行先としてメジャーになるということは、そうした観光客も引き受けるということを意味する。そのことをどう受け止めたらよいのだろうか。それは、裏を返せば、私たちはどう世界遺産に接すればよいのかと、同義の問いを考えることに他ならない。

恵まれた「琉球《りゅうきゅう》」にも悩み

二〇〇〇年（平成一二年）に世界遺産に登録された「琉球王国のグスク及び関連遺産群」を持つ沖縄県。すでに、地域の文化に根ざした世界遺産を持ち、さらに、数々のビーチリゾートや日本有数の水族館、ひめゆりの塔や平和祈念資料館などの沖縄戦関連の史跡や展示施設を抱え、順調に観光客を伸ばす沖縄は、必ずしも観光を世界遺産だけに頼る必要もなく、これから世界遺産登録（と観光地化）を目指す各地域から見れば、羨《うらや》ましい限りの「余裕」を見せている。しかし、その沖縄でも、世界遺産に関しては、それなりの悩みがあるという。

那覇《なは》市にある沖縄大学では、「沖縄には世界遺産があるのに、県民があまり関心を持たず、その価値も浸透していない」「県民が、沖縄の世界遺産を学ぶ機会もそのための教材もない」ということに危機感を抱き、地元の世界遺産を学ぶためのビデオオンデマンド用の教材を作ったり、関心を喚起《かんき》するための講座を開いている。

行政主導で登録された世界遺産や、時の政治権力や宗教権力が潤沢な資金と労働力を駆使して造り上げた世界遺産は、地元から見れば、観光資源以上の意味は持ちにくい。沖縄には、斎場御嶽《せいふぁーうたき》など、祈りの場の世界遺産もあるが、これとて、琉球王朝ゆかりの御嶽《うたき》（信仰の場となる聖域）で、以前は庶民が自由に出入りしたところではないという意味では、時の権力に結びついた遺産に入れてよいだろう。そんなこともあってか、世界遺産登録から一〇年近く経ち、沖縄県民は、世界遺産の存在も意義も意識から遠くなっているようなのである。

二〇〇九年九月、その沖縄大学で、ビデオオンデマンド教材の紹介と大学生の世界遺産の授業も兼ねた一般市民向けの講座が開かれ、私も参加した。地元出身の大学生も、この講座を受講するまで、沖縄の世界遺産についてほとんど予備知識がないばかりか、関心すらないということが彼らへのアンケートから読み取れた。「世界遺産に登録されたのは、小学生のときです。ですからよく覚えていません」と発言する学生が、平均的な若者の受け止めなのであろう（ちなみに、この講座と世界遺産の現地訪問がセットになって、参加した二～四年生の人文系学部の学生には、集中講義の単位として二単位が与えられる）。

また、参加者からは、「世界遺産を実際に抱える市町村は、観光客が順当に増えて、意識も高いが、そうでない自治体は、世界遺産にまったく関心がないし、他人事だと感じている」「私がガイドをしているグスクは、世界遺産には登録されていないので、一部の歴史愛好家以外は訪れる人もなく閑散《かんさん》としている。整備もされず、このままでは荒れていく。ぜひ、世界遺産への追加登録をお願いしたい」などの発言もあった。

沖縄には、「琉球王国のグスク及び関連遺産群」に名を連ねた九つの資産以外にも、多くのグスク（城）や御嶽があり、世界遺産に登録されたものと同等の歴史的価値を有するものもある。しかし、晴れて登録されたところは、時には過剰なまでに整備され、誰でも自由に参拝できた斎場御嶽は、〇七年から有料になってしまった。一方、登録されていないところは、地域の人以外は訪れる人もなく、現状維持のささやかな資金さえないため、荒れるに任されるところが出てきている。

また、世界遺産を抱える自治体も、沖縄県にある四一市町村のうち、那覇市、南城市《なんじょう》、中城村《なかぐすくそん》、北中城村、うるま市、今帰仁村《なきじん》の六つだけ。同じ県内でも、登録されたところとそうでないところの格差は、登録一〇年近くを経て、確実に開きつつある。すんなり登録され、その後、順調に観光客を伸ばし、史跡の整備も進む沖縄でさえ、こうした悩みに直面しているのだ。

世界遺産登録ビジネス

世界遺産再挑戦を目指す平泉の暫定推薦書がユネスコに提出されようとしていた〇九年九月、ある月刊誌に「『世界遺産』に踊らされる日本」と題した厳しい論調の記事が掲載され、関係者の間で話題になった。内容は、世界遺産登録請負人とも呼ぶべき、海外の文化遺産の専門家が頻繁《ひんぱん》に日本にやってきては、世界遺産を目指す資産を抱える街を訪れ、こうしたら世界遺産になれますよと指南し、謝礼を受け取っていくという実態や、有力政治家などが世界遺産登録運動のバックで暗躍する姿を揶揄《やゆ》したものだ。

広義には、世界遺産の番組を放送するテレビ局も、世界遺産検定を運営するNPOも、「世界遺産ビジネス」の当事者といってよいのだろうが、登録への手助けに特化した「世界遺産登録ビジネス」といったものも、世界遺産への道のりが険しくなりつつある中で、登場し始めたのである。

世界遺産の申請のための推薦書は、国ではなく、資産を持つ都道府県や市町村が書くことになっているが、自治体の職員に専門家集団が揃っているわけではないので、多くのところでは、執筆は外部の専門家に任せることになる。ここで、まず関係の学者が動員される。最近では、第四章で触れたように、イコモスの影響力を反映して、イコモスの日本委員の参加が目立っている。さらに、推薦書には、文章だけでなく、図、写真、映像など、プレゼンテーションに欠かせないさまざまな付帯物を備えたうえ、最終的には英訳もつける必要があるため、専門家以外に、そうしたことに長《た》けたコンサルタント会社が請《う》け負うことになる。これは、ユネスコへ提出するケースだけでなく、文化庁が公募した際にも、同様のことが起きた。

さらには、最終的に、イコモスやユネスコ世界遺産委員会で審議される際のことを考え、外国人専門家の意見を聞く必要があるということで、第三章の「イコモスとは？」の項で触れたように、そうした専門家を招いて、現地を見て感想や注文を述べてもらったり、シンポジウムを開いて、そこで意見を求めたりする。一回の招聘《しょうへい》の謝礼だけで、一〇〇万円単位のお金が支払われるケースもあるらしい。

ポスト「平泉」を目指す暫定リスト記載物件「富岡製糸場と絹産業遺産群」を抱える群馬県では、推薦書の作成のため、二〇〇九、一〇年度に合わせて八千万円の予算を計上した。二〇〇〇年に世界遺産に登録された「琉球王国のグスク及び関連遺産群」でも、沖縄県は推薦書の作成等に一億円以上もの費用を費やしたという話を関係者から聞いた。世界遺産登録に要する直接的な経費だけで、これだけの費用が動くのだ。もちろん、登録された場合の経済効果を考えれば、十分ペイする先行投資といえなくもないが、税金を使う以上、透明性や説明責任が伴うわけで、この「世界遺産登録ビジネス」は、一般の市民からは見えにくいしくみになっているせいもあって、知らないうちに、大金がつぎ込まれることになってしまいがちだ。

どの自治体も財政的に苦しく、福祉や医療、教育など生活に密着した分野への支出が求められているときに、こうした支出がどこまで認められるのか、納税者（と、当然メディア）

は厳しくチェックする必要があるだろう。

世界的にも「推薦書作成」が格差を助長

登録を確実にするために、これだけの手間とお金をかけなければ覚束《おぼつか》ないとすれば、途上国ではどうしているのか？　と、素朴な疑問が浮かぶ。実際、世界遺産の南北格差がなかなか縮まらない、つまりヨーロッパを中心に先進国の登録が今も続いている背景には、この問題が横たわっている。

途上国であっても、カンボジアの「**アンコールの遺跡群**」、インドネシアの「**ボロブドゥール寺院遺跡群**」、スリランカの「**古代都市シギリヤ**」など、コンセプトが明確で、顕著な普遍的価値が説明しやすいものは、推薦書にそれほど神経を使わずとも、保護施策さえきちんと示せれば、登録に至るが、文化的景観や産業遺産などは、国内外に同じような物件がないか、価値を証明する出土品などの証拠が揃っているかなど、推薦書に書き込むべきことが増える。それを、乏しい人材と少ない予算で途上国が責任を持って行なうことは難しい。

ユネスコは、途上国の中でも、厳しい審査に堪《た》えうる書類を提出できない最貧国、あるいは世界遺産条約を批准しながら一件も世界遺産を持たない国などには、推薦書作成の面でも支援をしている。しかし、その支援を受けられない途上国も多く、結果として、登録申請をしても毎回のように、「書類不備」として門前払いをされてしまっているケースが少なくない。日本も大変だが、厳しさはその比ではないと感じているのが多くの途上国の実情であろう。多様性があるからこそ貴重な文化の個々の価値を、国際的な統一基準に合わせて説明、アピールするというある種の矛盾が、ここでも噴出しているのだ。

「世界遺産」で守れないもの

世界遺産条約は、人類の至宝を未来の世代にバトンタッチする仕組みである。そして、「不動産」については、万全の体制を敷いているはずである。しかし、それでもこぼれ落ちていくものが少なからずある。

前述のように市内に六件もの世界遺産を抱える中国・北京市では、二〇〇八年の夏季オリンピック開催を前に、市街地の古くからの路地である「胡同《フートン》」が次々と壊されていった。世界の晴れ舞台に、みすぼらしい佇《たたず》まいはふさわしくないからか、北京の良さを凝縮した地域は、現代風のビル群へと変貌した。権力の象徴である「故宮」や「天壇」は大切に守られるが、営々と暮らしを営む庶民の智恵の結晶とも言うべき路地に面した住宅群は、あっさりと消えていく現実を前に、世界遺産は無力のように見える。

京都も同様だ。世界遺産「古都京都の文化財」に登録された、宇治《うじ》市、大津《おおつ》市のものも含む一七の社寺・城郭は世界遺産として周辺の環境も含め、守られる枠組みはできているが、それ以外のエリアの開発は、バッファゾーン（緩衝地帯）外であれば、食い止められない。世界遺産登録後も、京都を最も京都たらしめる、「鰻《うなぎ》の寝床《ねどこ》」と呼ばれる町家《まちや》は、駐車場やマンションへと姿を変えていった。二〇〇七年二月、ようやく京都市議会は、「眺望景観創生条例」など、いわゆる新景観条例を可決、中心市街地の建築物の高さを四五メートルから三一メートルに引き下げたり、世界遺産を含む多くの社寺周辺の景観を守る施策を打ち出したが、遅きに失した感は否めない。

中南米では、スペインやポルトガルの植民地統治時代の建築物や街並みが数多く世界遺産に登録されている。抑圧の歴史も、文化財として正当に評価されているといえるかもしれない。しかし、東アジアでは、それほど簡単ではない。中国、韓国、台湾には、日本の植民地時代の、建築学的に見ても貴重な建造物が多く残っているが、それらは、それぞれの国から見れば、人類の至宝だとは考えられにくく、むしろ、恥辱の象徴として捉えられているため、保護されるどころか、破壊へのベクトルが働いている。

戦後長い間、韓国の国立中央博物館として使われた、ソウル中心部にある一九二六年竣《しゅん》工《こう》の旧朝鮮総督府《そうとくふ》の壮麗な庁舎は、保存か撤去かの長い議論の末、一九九五年に解体された。かろうじて建築物の一部が独立記念館に展示されているに過ぎない。

日本の満州進出における玄関の役割を果たしていた中国・遼寧省《りょうねい》の大連市《だいれん》には、ロシアが設計した放射状の中山広場《ちゅうざん》に、その後、関東州《カントン》を租借《そしゃく》した日本が、大連市役所や横浜正《しょう》金《きん》銀行大連支店、大和《やまと》ホテルなど多くの建物を建てた。二〇世紀初頭の堂々たる、そしてバラエティに富んだ欧風建築がこれほど整然と並んでいるところは、アジアでは唯一といってよく、見事な景観を呈している。しかし、今世紀に入るまで、建物は古びるに任されていた。ようやく最近になって、中国政府や大連市はこれらの建物群を保護の対象としたが、建物の背後には、中国沿岸部の経済発展を象徴するようなモダンな高層ビル群が屏風《びょうぶ》のように並び、かつての統一された景観は失われた。保護策を採り始めたとはいえ、歴史的経緯を考えれば、中国政府が世界遺産に申請する可能性はきわめて低く、どの程度良好な状態で保存されるかは未知数だ。

むしろ、中国では、広島の原爆ドームと同様の意味合いで、戦争の負の遺産として、ハルビン郊外の、日本軍の細菌部隊である七三一部隊の本部跡を世界遺産にという動きがあるほどで、やはり、日本の植民地政策の残滓《ざんし》を、素直に国際的な文化財として認めるというところにまでは至っていない。

このように、世界遺産という枠組みは、決して万能ではないどころか、遺産によっては、世界遺産に登録されることによって、あるいは、近くに世界遺産登録地があり、そことの格差がくっきりすることにより、かえって保護に支障をきたすという事態まで引き起こしている。何のための世界遺産か、考えさせられてしまう。

無形遺産の取り組み

こうした一方、有形の不動産を守るだけでは、貴重なものを保護できないという危機感から、世界遺産の概念も少しずつ変容している。

フィリピンの世界遺産「**コルディエラの棚田**」では、田んぼそのものよりも、棚田で稲を育てるという米作りの伝統の継承性が重要視されているし、欧州にいくつかあるワイン産地の景観も、今も営々とワインを作り続けているその歴史を刻んだ営為自体が遺産であるという含意《がんい》が読み取れる。というのも、農家の何の変哲もない古びた納屋や地下のワインセラーなども世界遺産に登録されているからだ。モーリシャスにある季節労働移住の発祥地「**アプ**

ラヴァシ・ガート」も、建物よりも、そのシステムが注目された世界遺産である。「目に見える」もの、見るからに豪華な建造物や遺跡だけが守るべきものではないという精神が感じられるのだ。

その新たな展開が、ユネスコの「無形文化遺産」の取り組みである。不動産、つまり世界遺産条約の枠組みではこぼれ落ちる民俗、歌唱、伝統文化などを保存しようと、世界遺産とは別の仕組みでこうしたものを守っていこうというのが、「無形遺産」の考え方である。

これは、二〇〇三年のユネスコ総会で採択され、二〇〇六年四月に発効した「無形文化遺産保護条約」に基づくもので、「世界遺産」とはいくつかの点で異なっている。ひとつは、代表リストと危機遺産リストの二種類があるのは世界遺産と同じだが、危機遺産リストが第一のリストと考えられていることである。つまり、消えゆく無形遺産の保護が前面に打ち出されているのだ。二番目に、世界遺産のような絶対的な登録基準は定められていない。また、イコモスやＩＵＣＮのような外部の専門諮問《しもん》機関に審査をゆだねることもなく、書類審査のみで記載可否を決める。世界遺産の抱える問題に照らしてみると、こちらの仕組みのほうが、「人類の至宝を守る」という本来の使命を果たすために考えられていることがわかる。

無形文化遺産条約については、松浦晃一郎氏がユネスコ事務局長時代を通じてきわめて熱心に取り組み、日本も当初から中心的な役割を果たしてきた。世界遺産条約では、発効後二〇年遅れで条約を批准したのに比べれば、雲泥の差である。

日本は、これまで、「**能楽**《のうがく》」「**歌舞伎**《かぶき》」「**人形**《にんぎょう》**浄瑠璃**《じょうるり》**文楽**《ぶんらく》」といった国民的古典芸能を推薦し、すでに無形遺産に登録されているが、新たに、「**京都祇園祭**《ぎおんまつり》**の山鉾**《やまぼこ》**行事**」(京都府)、「**早池峰神楽**《はやちねかぐら》」(岩手県)、「**奥能登**《おくのと》**のあえのこと**」(石川県・田の神を祀る農耕儀礼)、「**アイヌ古式舞踊**」(北海道)など、地域に根づいた芸能や信仰、伝承技術など一四件を申請した。日本では、こうしたものは、重要無形文化財、重要無形民俗文化財として保護されてきたが、いよいよ国際的な枠組みの中で、保存・伝承が行なわれることになった。「形のないもの」の大切さに光を当てるこの取り組みは、世界遺産を補完するものとして、あるいは、世界遺産との両輪をなすものとして、評価されてしかるべきであろう。

〇九年九月、アラブ首長国連邦のアブダビで開かれたユネスコの無形文化遺産委員会で日本がノミネートした一四件などを含む申請物件の審議が行なわれ、新たに七六件の世界無形遺産が一覧表に記載されることになった。当初申請されたものはすべて記載されると思われていたが、日本が申請した「**木造彫刻修理**」も含め、世界各国の三五件が情報不足などの理由で事前に「記載不可」と勧告された。「木造彫刻修理」は、地域が特定されていないなどの理由で、二四人の委員のうち六人が事前の書類審査で記載不可としたため、委員会への申請を取り下げていた。事前の審査なしといわれていた無形遺産にも、世界遺産同様、事前の記載不可勧告が出されることについては、新たな議論を呼ぶかもしれない。

また、七六件のうち、中国二二件、韓国五件、日本の一三件と、東アジアの三カ国で全体の半数を超える。一方、本来、多くの無形遺産が期待されていたアフリカからは全体でたった三件。世界遺産とは別の「地域格差」が生まれそうで、これも今後議論の的になりそうだ。

言語を守る取り組み

さらに、ユネスコは、世界から消えゆく言語を守ろうとする取り組みを行なっている。「言語」は、まさに文化の基底をなすものだが、リージョナルな言葉は、グローバリズムの進展に反比例するように、消えつつある。ユネスコは、二〇〇八年を「国際言語年」と定めた。現在世界で使われている言語六七〇〇のうち、およそ半数が長期的に消滅の危機にさらされ、二週間に一言語が実際に失われているとして、この年の二月、東京の国連大学で、「グローバリゼーションと言語～豊かな遺産を守るために～」と題したシンポジウムが、国連大学とユネスコ国際会議の共催で開かれた。

二〇〇九年二月には、ユネスコは、世界の二五〇〇言語が消滅の危機に晒《さら》されていると発表、その中には、アイヌ語、八重山《やえやま》語、与那国《よなぐに》語、宮古《みやこ》語、八丈《はちじょう》語など日本にかろうじて残る八言語が、「きわめて深刻」「重大な危険」「危険」に分類されたことが報道された。アイヌ語はともかく、与那国語や八丈語などは、一方言に過ぎないという意見もあるが、ユネスコは、国際的な基準では、独立の言語だと捉えている。日本は、民族だけでなく、言語も単一だと思われがちだが、歴史的背景を考えれば、民族も言語も、単一ではないことは今さら指摘するまでもない。文化の多様性と言語の多様性は表裏一体であり、例えば世界遺産である「琉球王国のグスクと関連遺跡群」が形あるものとして永久に残っても、琉球の言葉が消えていけば、琉球文化を守ることにはならないことはいうまでもない。

世界遺産に目を奪われると見落としがちなものにいかに目を向けていくか、放送になぞらえれば、テレビ映えのよいものばかりでなく、ラジオでこそ伝えるべきものも守ること、その大切さに留意しなければならないだろう。

消えゆく歴史的地名

私自身が、さらに重要だと考えている「形のないもの」は「地名」である。地域の名称は、長い歴史を反映した「歴史資産」であるが、さまざまな理由で現代的なものに変更されてきた。日本の城下町では、同じ職業を持つ人が集まって住むよう町づくりが行なわれ、鍛《か》冶《じ》町、呉服町、染物町などの町名が付けられたが、第二次大戦後、幾度か行なわれた新住居表示への変更で、緑〇丁目とか、平和〇丁目、あるいは、もっと無機的な中央、東など単に位置や方角を示す単純な名称に変えられてきた。

東京二十三区を見渡しても、住居表示の波に洗われていないのは、新宿区の市谷《いちがや》・四谷《よつや》周辺（市谷鷹匠町《たかじようまち》や二十騎町《にじつきまち》などの町名が正式な住所として残っている）と日本橋・神田《かんだ》周辺（日本橋人形町《にんぎようちよう》や神田北乗物町《かんだきたのりものちよう》など）くらいになってしまった。

それに追い討ちをかけたのが、平成の大合併である。栃木県の「氏家町《うじいえ》」と「喜連川町《きつれがわ》」が合併して「さくら市」になったり、群馬県の「大間々町《おおまま》」と「笠懸町《かさかけ》」などが合併して「みどり市」になって、中世以来の地域の歴史が凝縮された自治体名を消してしまったことは、重要文化財の建造物をブルドーザーで押しつぶす愚行と大差ないと感じている。

私の住む東京・大田区《おおた》は、時々、「太田区」と誤って書かれるが、地名の由来を知っていれば、こうした書き間違いは起こらない。なぜなら「大田」は、旧大森《おおもり》区と旧蒲田《かまた》区が合併した際、その両区から一字ずつ取って付けられた名前だからだ。これは裏を返せば、のちになぜその名がついたのかわからなくなってしまう安易な地名の付け方だったということでもあろう。ヨーロッパを旅すると、「シュレスヴィヒ＝ホルシュタイン州」（ドイツ）や「**バンスカー・シュテファニツァ**」（スロバキアの都市・世界遺産に登録）など、省略すれば言いやすいのにと思える地名を、頑として長い地名のまま守っているのによく出会う（ロサンゼルスをＬＡ、クアラルンプールをＫＬと、頭文字をとって短縮して呼び慣わす例はあるが、正式な都市名を縮めているわけではない）。合併したから両者の頭文字を取って……というようなことは起こりそうもない。大田区を「大森蒲田区」にせよとは言わないが、地名も歴史遺産であるという認識が持てるかどうかは、その国の文化の成熟度のバロメーターを示すものであろうし、少なくとも日本の行政には、歴史的地名を貴重な文化財として守ろうという思想は、合併した自治体に由緒ある旧郡名などを復活した一部のところを除いては欠落していることが、平成の大合併による歴史的地名の蹂躙《じゅうりん》で露呈《ろてい》したといえよう。

それでも、世界遺産を目指すのか？

話をもう一度世界遺産に戻そう。ここ数年の各地の世界遺産登録運動に接してみて、多くの方が感じているように、私自身も問題が多いと感じている。国が国際機関に推薦するという仕組みを採っている以上、登録は国家が責任を持って行なうべき事業ではあるが、国では、基本的に文化財や自然を保護するということが第一目的の文化庁や環境省が担当するのに対し、都道府県や市町村などの自治体では、単に保護や研究調査の部局だけでなく、観光、街づくり、都市計画、地域振興、広報など役所横断的な、あるいは首長直属の戦略チームとして取り組んでいるところが多い。まして、トップに近いところが熱心であればあるほど、知名度アップのためのＰＲや観光振興を目的にすることが前面に出る傾向が強い。国の指導と自治体の思いに乖離《かいり》が生じてしまうのだ。

しかも、第五章で詳述した文化庁による文化遺産の公募制度は、ユニークな地域の文化の発掘につながった面もあるが、煽《あお》るだけ煽って、暫定リストに記載された少数の幸運な物件を抱える地域を除いては、今後の見通しがつかないまま、暗闇《くらやみ》に放り捨てられたような仕打ちに感じているところが少なくないだろう。しかも、今後の指針を立て先頭に立って、県を超えた遺産の調整などに積極的に乗り出す姿勢も乏しく、むしろ、盛り上がった運動の自然鎮火《ちんか》を待っている節さえうかがえる。

　また、この本ではあまり触れなかったが、世界遺産登録運動は、これまでに登録されたところも含め、それぞれの地域の（あるいは、地域に関係なく、首相経験者が富士山の世界遺産登録を応援しているように）有力な政治家が音頭を取ったり、水面下で動いているケースが少なくない。その多くは、これまでの政権与党の実力者だったわけだが、二〇〇九年八月の衆議院議員選挙で自民党が敗れ、九月に発足した鳩山由紀夫《はとやまゆきお》政権のもとで、権力を失った政治家が、あるいは新たな権力の座についた民主党や社民党の政治家が運動をこれまで通り応援してくれたり影響力を発揮してくれるのか、今後登録を目指すところは、まさに息を凝《こ》らして見守っているところであろう。もちろん、そうした政治家頼みの構図自体の問題も大いに考えねばならないのであるが。

第七章

世界遺産は必要か?

世界遺産の功罪

エジプトのアブ・シンベル神殿（正式な遺産名は「**アブ・シンベルからフィラエまでのヌビア遺跡群**」）を水没から救済したことをきっかけに始まった世界遺産は、今、その名の通り、「世界」ブランドとなって、自然保護、文化財保護の枠組みの頂点に君臨する一方、ブランドゆえの集客能力が逆に保護を難しくしているという矛盾を抱えたまま、まもなく条約制定四〇年を迎えようとしている。

私はこれまで、まだ世界遺産全体のほぼ四分の一を見たに過ぎないが、それでも世界遺産の発するメッセージのいくつかを自分なりに受け止めてきた。

一つめは、一見地味ながら、人類の歴史にとって、あるいは地球の生成過程において、貴重なものを、豪華で有名な建築物や遺跡、自然物と対等の価値があることを知らしめたこと、

二つめは、ポルトガルが築いた町並みで世界遺産に登録されているところが、マカオ（中国）、マラッカ（マレーシア）、ゴア（インド）、アフリカのモザンビーク、そして、大西洋を隔ててブラジルにまで広がっているように、あるいは、木造の教会群が、ロシアから北欧、ルーマニア、スロバキア、ポーランド、ハンガリーと、ヨーロッパの北東部を中心に、

国境の障壁を軽々と乗り越えて広がっているように、現在の国境を所与《しょよ》のものと考えなくてもよいボーダーレスでワールドワイドな歴史観、地理観を提供してくれること、
三つめに、文化的景観をはじめ、奴隷制度や戦争のモニュメント、要塞《ようさい》、ワインやテキーラのような醸造《じょうぞう》産業など、生活に密着した、あるいは、人間の負の部分にも踏《ふ》み込んだものにも、文化財としての価値があることを知らしめ、それが、日本の文化財のカテゴリーを結果として広めることになったこと、
などであろう。
一つめに関しては、石見銀山の地元の人たちが、「世界遺産に登録されたことにより、銀山の価値、あるいは銀山の遺構とその暮らしを守ってきた努力が認められ、銀山が世界の一流の遺産と同じ範疇《はんちゆう》に括《くく》られたことがとても誇らしい」と話してくれたことが象徴的であった。
二つめでは、教科書で習う通り一遍《いっぺん》の地理や歴史より、遺産の広がりとつながりが語る生きた学問のほうがはるかに深くおもしろいことを幾度となく体験した。例えば、石見銀山を中心に世界地図を描けば、あるいは、京都ではなく、平泉を中心に日本地図を制作すれば、現代の地図とまったく異なる世界が立ち上がるように、世界遺産の数だけ、まったく違った

地図が描ける興味深さも味わうことができる。

三つめに関して言えば、ポーランドの「アウシュヴィッツ＝ビルケナウ強制・絶滅収容所」や広島の「原爆ドーム」、あるいは、ネルソン・マンデラら黒人の政治犯を収容した南アフリカの監獄の島「**ロベン島**」を、世界遺産として登録し、永久に人類の犯した過ちを記憶にとどめようという世界遺産の精神は、ともすれば、美しいものばかりに価値を置きがちな文化のあり方に、きわめて大きな一石を投じたことがわかるし、また、ブドウ畑や棚田《たなだ》の広がる景観を文化財だとみなす考え方は、田んぼや桑畑や段々畑も人類の営為《えいい》であり、日本人の原風景であって、守り残していくものだという考えを支えるうえで、きわめて重要であるだろう。

一方、世界遺産至上主義は、登録の可否だけに注目を集めたり、あたかも登録を最終目的のようにみなしたり、逆に、国宝や重要文化財など、日本の文化財の軽視につながったり、という側面も併《あわ》せ持っている。世界遺産との付き合い方、あるいは、世界遺産を読み解くリテラシーを育てないと、世界遺産に踊らされることにもなりかねない。

本質的な価値、特に目に見えない本質的な価値は知覚しづらいし、理解されにくい。繰り返し使った「顕著な普遍的価値」というフレーズが、何度聞いても抽象的にしか響かないのは、ある意味当然なのだろう。やはり、その場に立って感じる圧倒的な感動、理屈を超えたエモーショナルな情動も大切なのだ。また、だからこそ現地に行く価値もある。世界遺産の推薦書に詳しすぎるほど書かれた「普遍的価値」よりも、その遺産の前に立って、予備知識なしに感じるものも当然重要で、でなければ推薦書だけ読んでいれば事足りるわけである。その難しい「本質」と、その本質が放つパワーがあいまって、ひとつのストーリーを紡《つむ》ぎだすとき、世界遺産は本来の輝きを発するのだと思う。

絹産業遺産群登録運動に見る市民の意識変化

単なる有名観光地の仲間入りから、地域の文化資産の再発見へ。地域の人々が、世界遺産に対するイメージを変容させていく過程を、群馬県の「富岡製糸場と絹産業遺産群」の世界遺産登録の動きを間近に見ながら、実感してきた。

私が、群馬県に赴任した二〇〇五年、この地では、おもに行政が中心となって、富岡製糸場を世界遺産にしようという運動が熱を帯びていた。

一八七二年（明治五年）に、日本で最初の官営の器機製糸工場として建設された富岡製糸場は、その心臓部といえる繰糸場《そうしじょう》だけでなく、繭《まゆ》を保管するための二棟の巨大な木骨《もっこつ》レンガ造りの倉庫や、製糸場を設計したお雇い外国人家族が暮らした洋館など、往時の建物の多くが、一四〇年近い歳月を経て、ほぼそのまま保存されている、日本の近代化の原点ともいえる貴重なモニュメントである。当時は、まだ民間企業の持ち物で、夏休みの一定期間公開されるだけで、案内板も十分とはいえないし、ガイドもおらず、ただ、古びた建物を見てまわるだけだった。県民でもまだ工場を見ていない人がほとんどで、「富岡製糸場の世界遺産登録」といっても、よその星の話ですかというほど、県民には縁遠い運動であった。

ところが、これまでも詳述した文化庁の文化遺産候補の公募に際し、群馬県は各市町村に、それぞれの地域で世界遺産候補の物件を推薦するよう指示、富岡製糸場を核とし、養蚕《ようさん》農家群、桑の木、鉄道の遺産など、養蚕・製糸業の広い裾野を占めるさまざまな物件が候補に挙がり、様相が変わってきた。遠い存在の一企業の工場が世界遺産になるかもしれないということではなく、自分たちの生活に密着した養蚕・製糸・織物にかかわる産業全体が、世界遺産候補になるかもしれないことに人々は気づいたからだ。

それまで、富岡製糸場を見た人も、見ていない人も、世界遺産といえば、相変わらず、エジプトのピラミッドと中国の万里の長城をひそかに思い描いては富岡製糸場と比較し、明治時代になって造られたレンガ造りの工場、まして国宝にも重要文化財にも指定されていない

（二〇〇六年に製糸場内の主要な建造物は、重要文化財に指定された）無骨な工場が、世界遺産になんかなるわけがないという雰囲気が主流であった。私は、その頃、すでに、イタリアの「クレスピ・ダッダ」という紡績工場を中心とした街や、フィンランドの「ヴェルラ製材・板紙《いたがみ》工場」など、時代的にも、また規模の上からも、富岡製糸場と大差ない世界遺産登録物件を多数見てきていたので、「いえいえ、世界遺産といっても、古い必要もなければ、度肝《どぎも》を抜くような巨大さ、華麗さが必須条件というわけでもないんですよ」と話をしても、眉唾《まゆつば》で信じてもらえなかったことのほうが多かった。

足元の文化

群馬県は、お年寄りに聞けば、必ず自分の家、嫁ぐ前の実家、あるいは近所に、養蚕を営んでいた人がいるほどの養蚕大国で、今も絶滅寸前とはいえ、日本の養蚕農家の四割を占めるほどの養蚕県である。

小正月には、繭玉《まゆだま》を作って養蚕の豊作を祈り、初夏には、いよいよ繭を作ろうという五齢《これい》の蚕《かいこ》の桑くれ（桑の葉を与える作業のこと）を手伝い、紫に色づいた桑の実を頬張って、口のまわりを紫色に染めた思い出のある人たちは、今消えつつあるこうした養蚕や製糸の文化

富岡製糸場 及び 絹産業遺産群

「富岡製糸場」を上から眺める。左に見える長いレンガ造りの建物が東繭倉庫。右にはお雇い外国人の住宅

伊勢崎市島村にある養蚕農家だった住宅。屋根に載る天窓が特徴的

世界遺産に登録されている2つの工場と、

1996年に登録された「ヴェルラの製材・板紙工場」（写真提供／Alamy／JTB Photo）

1995年に登録された綿織物工場の町、「クレスピ・ダッダ」（写真提供／Wojtek Buss／AGE／JTB Photo）

そのものが、地域の貴重なアイデンティティであることに気づき始めた。

人々は、富岡製糸場を守ることは、企業や行政の仕事（片倉《かたくら》工業が所有していた富岡製糸場は、二〇〇五年九月に管理が富岡市へ移管された）かもしれないが、生活に密着した養蚕や製糸の思い出を語り、その文化に光を当てるのは、自分たちの役割ではないかと思い始めた。


この頃から、県内各地に地域の養蚕・製糸文化を守ったり、ガイドをするボランティアグループなどが相次いで立ち上げられた。そして、二〇〇七年一月に「世界遺産暫定《ざんてい》リスト」記載決定のニュースが流れると、「世界遺産なんてありえない」から、「ひょっとしたら世界遺産」、さらには、「このままいけば世界遺産」というように、市民の意識も変わってきたのである。それとともに、世界遺産は、目に見える富岡製糸場の建物を保存することによって登録されるものではなく、地域に永年根づいてきた養蚕・製糸の伝統を再評価し、それがもし衰退しようとしているなら、なんとか残す努力を市民レベルでしてこそ、登録されるのだというような気運も広まってきた。

世界遺産の持つ意義の一端が、少しずつ理解され始めたのである。

他者から教えられる地域の価値

自分の住んでいる地域の特色や文化は、住んでいる者にとっては、当たり前すぎて気づきにくい。他者から教えてもらって初めて気づくことがある。

二〇〇四年に世界遺産に登録された「紀伊山地の霊場と参詣道」の主要な構成要素である高野山《こうやさん》。世界遺産登録に加え、フランスのミシュランから、観光地として三ツ星の評価を得たこともあり、ここ数年、山内に五〇以上もあるという宿坊《しゅくぼう》寺院に滞在して霊場の空気を吸い、参詣道を歩く外国人観光客が増えたという。日本人は増えたといっても団体でわーっと押しかけて、宿泊しないで帰ってしまうことが多いので、高野山の良さを本当に知ろうとしているのは、外国人のようだ。彼らは、高野山に満ちる独特の空気や、スピリチュアルなものを敏感に感じ取り、感動して帰っていく。話を聞いた何人かの和歌山県関係者、高野山関係者は、外国人から高野山の持つ深い意味やその良さを教えられたし、世界遺産になって良かった最大の点は、そうした高野山の素晴らしさを、外から来た人に教えられたことだ、と話す。なるほどと思わされるエピソードである。

これは日本だけではない。イギリスの産業革命に関連する世界遺産のひとつ、「**ダーヴェント渓谷**」の地元の人の講演を、日本で聞いたことがある。世界遺産登録の話が持ち上がったとき、地域では、必ずしも賛成ばかりではなかった。静かな生活が脅《おびや》かされるし、受け入れ態勢に、お金も時間もかかる。しかし、世界遺産になり、多くの人が来ることにより、衰退し、古い工場があるだけの地域に、価値があることを教えられた。世界遺産は、地域文化や誇りの再発見につながったのだという話に、なるほど、こうしたことは日本だけではないのだなと痛感した。

「国益」か「人類益」か

第一章で、年に一度開かれる世界遺産委員会で、日本人は数は目立つが、影響力は小さいことを指摘した。現在、日本の世界遺産に対するスタンスは、なんとか自国の申請物件を登録してもらおうという「国益」一本槍で、しかも、それさえ必ずしも功《こう》を奏《そう》しておらず、一層、国益にしがみつかざるを得ない、そんな風に見えるし、おそらく、海外からもそう見られていることであろう。もちろん、ユネスコの枠組みの内外で、アンコール遺跡やバーミヤン遺跡の修復などの国際援助活動に資金だけでなく、実際に人も派遣しているのも事実ではあるが、こと、世界遺産の登録ということに関して言えば、イニシアティブを取っているとは言い難い。

「保護」という世界遺産の原点に返れば、少しでも途上国の遺産申請に力を貸し、自国のものは、本当に自信を持って推薦書を書ける物件が準備できたときだけ申請するというのが、すでに一〇以上の世界遺産を持つ「大人の国」のありかたであろう。カナダは、実際にそのスタンスを貫き、二一世紀になって登録された世界遺産は、自然遺産、文化遺産各一件のみ。しかも、委員会では、常に問題解決に積極的かつ前向きな発言をし、存在感を高めている。ユネスコにも、国連同様、抜き差しならない「南北」問題があるが、その「北」の中にも、「人類益」を標榜するカナダやオーストラリア、北欧諸国のような優等生と、「国益」重視のイタリアやフランスのような「わがまま」な国が色分けされる。日本がどちらに見られているかはいうまでもないだろう。

世界遺産の登録の仕組みや、一見ヨーロッパ重視が薄れつつあるように見えて、なお厳然と残る目に見えない障壁に対し、きちんと発言する存在感が、実は迂遠《うえん》なようで、自国の世界遺産登録にもプラスになるのではないか、そんなことを感じる。

訪れる側の問題意識

第六章で、世界遺産というブランドを手に入れることは、世界遺産の価値を理解しようとしない大勢の観光客をも受け入れることを意味するということを書いた。世界遺産は、さぞかし、我々を感動させてくれるだろうと期待していくと、肩透かしを喰らって、それが失望に変わることが現実に起き始めている。

私は、世界遺産は、「予備知識なしで行っても、たちどころにそのすごさを体感できる」ものと、「背景の理解なしには、その価値が理解できない」ものとがあることを、知ってもらう必要があると考えている。また、これまでの用語を使えば、単体でその価値を理解できるものと、「シリアル・ノミネーション」で登録された複数の資産を見ないと、価値を体感できないものにも注意を払う必要がある。「がっかり観光地」にされてしまうのは、どちらも後者の強いところである。その代表例が石見銀山だ。石見銀山は、一六世紀の世界の貨幣流通の背景なくして、その価値を理解することはできないし、銀山、街並み、街道、港という一連の資産をじっくり全体で味わうことなくして、システムの理解は不可能である。

観光客を受け入れる側にも、その準備が必要であるし、当然のことながら、貴重なお金と時間を費やして世界遺産を訪れる我々も、そうした心構えを持つべきである。世界遺産リテラシーの第一段階は、そのあたりから始めたらよいのではないだろうか。

「国」の成り立ちや特質が立ち現れる世界遺産――オランダの場合

海外への旅では、かつてのような、例えば、「パリ・ロンドン・ローマ八日間の旅」に代表されるように、国を跨《また》いで有名な都市や観光地だけをピックアップしてまわる弾丸トラベラー的な旅は、姿を消しつつあり、イタリアだけ、ドイツだけをじっくり見てまわる国別の旅が定着してきた。そのような場合、その国の成り立ちや特質が世界遺産に表われているケースが多いため、そのことを理解して訪れることが重要だ。

オランダを例に挙げてみよう。この国には、かつての植民地で、カリブ海に浮かぶオランダ領アンティル諸島にある一件を除き、二〇〇九年にドイツにまたがる遺産として登録された自然遺産「**ワッデン海**」を含めて、七件の世界遺産が登録されている。そのうち、二〇世紀の個人の住宅である「**リートフェルト設計のシュレーダー邸**」を除く六件は、「水」にかかわる世界遺産だ。低地に広がるオランダの国土の実に四分の一は、海面下の低い土地であり、オランダの近代は、低地の水をいかに掻きだし、そしてその低地を埋め立てて、いかに土地を生み出すかに腐心《ふしん》した四〇〇年間であったといってよいであろう。

オランダの代表的な景観とも言える風車は、風の力で低地の水を高いところへと運ぶポンプの動力として愛用されてきたし、のちに、その動力は蒸気機関の発明と普及により、蒸気へと代わっていった。前者の世界遺産が、「**キンデルダイク＝エルスハウトの風車群**」であり、後者の世界遺産が、「**D．F．ウォーダの蒸気ポンプ場**」である。今では電気へと置き換わった動力であるが、オランダでかろうじて唯一現役で稼動している、蒸気を動力とするこのポンプ場は、その巨大なタービンやポンプを間近に見ることができる貴重な施設である。

また、一七世紀初頭、オランダで最も早く干拓が始まった「**ベームスター干拓地**」と、二〇世紀になって干拓が完成した「**スホクランドとその周辺**」の両干拓地は、水と戦って土地を生み出したオランダの国のアイデンティティそのものの遺産といってよいであろう。ワッデン海は、その低湿地が動物の楽園となり、自然遺産として保護が求められているウォーターパークである。

「大地は神が創り賜《たも》うたが、オランダはオランダ人が創った」という言葉があるように、まさに、水と戦った歴史そのものが国のアイデンティティであり、そのことを理解してオランダの世界遺産を訪れるのと、まったく知らないで訪れるのとでは、遺産に接したときの感動や深みがまったく異なってくる。最低限の予備知識とは、そういったことである。また、オランダ政府がこうしたオランダの真髄ともいうべき資産を推薦し続けてきた一貫性も、見習

水にまつわるオランダの世界遺産

その風力で水を運んだ「キンデルダイク＝エルスハウトの風車群」

武骨な機能美にあふれた「D. F. ウォーダの蒸気ポンプ場」（写真提供／じんさん／フォートラベル）

うべき「筋が通った」姿勢かもしれない。

異なった世界遺産同士のつながり

イタリア・トスカーナ地方。ワインやオリーブが栽培される緩やかな大地に、糸杉の並木が続き、石造りのどっしりした農家がどこまでもうねる丘陵にアクセントをつける。誰が見てもその美しさに感嘆するこのトスカーナの農村風景のうち、最も美しいといわれる「**オルチア渓谷**」は、二〇〇四年、世界遺産に登録された。予備知識がなくても、また絵心がなくとも、その田園風景の見事さは、筆舌に尽くしがたい。

しかし、この大地が美しく切り開かれた歴史的背景を知らないと、ただ、あー綺麗だった、で終わってしまう。それでは、この世界遺産の価値を理解したことにはならない。

渓谷と名がつくものの、北海道の美瑛《びえい》あたりを彷彿《ほうふつ》とさせる緩やかな丘が連なるオルチア渓谷一帯は、かつて不毛の大地であった。しかし、この地方の中心都市シエナ（「**シエナ歴史地区**」として、オルチア渓谷よりも早く世界遺産に登録。市庁舎などが面するカンポ広場は、世界一美しい広場とよく形容される）の発展に伴い、農村の整備が重要となって、人々は不毛の大地に集落を作り、石ころだらけの土地の開墾《かいこん》に励んだ。来る日も来る日も、石をどけ、畑を耕し、やっとのことで収穫だと思ったら、凶作に襲われる。そんな繰り返しの中で、人々はこのやせた土地に適合するブドウを見つけ、そこからワインを作った。この美しい景観の背景には、そうした苦労とシエナの町の存在が不可欠である。そして、シエナの町と農村の関係は、シエナの中心部にある市庁舎の平和の間に描かれたロレンツェッティの名作「都市と田園における善政《ぜんせい》の効果」と題した壁画に描かれた都会と農村のシーンを見て、初めて可視的に理解できるのだ。「善政の効果」を見ないまま、オルチア渓谷を見ても、ただ単に表面上の美しさを感じるだけであり、やはり、最低限の下調べと予習がなければ、私たちは世界遺産の持つ豊穣《ほうじょう》なメッセージを受け取れないわけである。

ポーランドのかつての首都「**クラクフ歴史地区**」とその繁栄を支えた岩塩鉱「**ヴィエリチカ塩鉱《えんこう》**」、聖ヨハネ騎士団がオスマン帝国と戦う際に拠点とした現在のシリアの要塞「**クラック・デ・シュバリエ**」、騎士団がオスマンに追われて本拠地を移したギリシャの「**ロードス島**」とマルタの「**ヴァレッタ旧市街**」などそれぞれの世界遺産も、そのつながりを知ってこそ、価値の深みに触れられる。ひとつひとつの世界遺産の「顕著な普遍的価値」は、歴史を少し高みから眺めることで、個々の価値を超える新たな視座を現示する。こうした遺産群は、見るものの歴史を洞察する力量を試すがごとく、それぞれの大地で訪れる者を待っている、そんな気がしている。

「代表選手」としての世界遺産

こうした世界遺産同士のつながりに加えて、世界遺産を見る際に、留意する視点がある。それが、世界遺産の「代表」性である。

姫路城が世界遺産になっているが、これは、日本に数多くある「近世の城郭」の代表選手として姫路城が世界遺産に登録されているのであって、他の城郭に価値がないということではなく、価値があるあまたの城郭の中で、この城の価値がとりわけ高いという風に捉えるべきである。だとすれば、それ以外にも、見ごたえのある城があるわけで、姫路城だけを見て満足するのでなく、犬山《いぬやま》城や松江《まつえ》城なども見てみようと考える。

これは、海外の世界遺産も同様である。イタリアでは、「**サン・ジミニャーノ歴史地区**」を代表とする、塔が重要な景観をなす、丘の上に築かれた中世そのままの街並みが数知れずある。高速道路を降りて、サン・ジミニャーノへ向かう途中にも、コッレ・ディ・ヴァル・デルザという素晴らしい町を通ったし、やはりその近くには、円形の完璧《かんぺき》な城壁に囲まれた、まさに宝石のような街、モンテ・リッジョーニがある。そして、そのどちらも、世界遺産リストにも、世界遺産暫定リストにも名前はない。それらをゆっくり見る時間が取れなくても、サン・ジミニャーノの町を歩くことで、こうした街を無数に造った、あるいは造らざるを得なかったイタリアの中世という時代に思いをはせることは、きわめて重要な作業であろう。そのうえで、時間が許せば、世界遺産だけに固執《こしつ》せず、こうした町にも足を踏み入れてみる。そこで、サン・ジミニャーノだけが、なぜ代表として世界遺産に登録されたのか、あらためて考えてみる。

フィンランド中部の世界遺産「**ペタヤヴェシの古い教会**」を見るときに、周囲の村々に点在する同様の教会群のことも想像したり、ポーランド南部の山岳地帯の村々を彩る八つの木造教会の世界遺産に接するときにも、この地域のどの村にもかつては木造の教会があり、今も世界遺産にはならなくても、ひっそりと地域の信仰の中心となっている木造教会が多く残されていることを知ることは、単にその世界遺産だけを見る行為に、何がしかの付加価値をつけてくれるはずである。

老舗「ミシュラン・三ツ星」との役割分担

世界遺産と目指す目的はまったく違うが、ブランドという意味で、果たしている役割に似たところがあるものとして、「ミシュランの三ツ星」がある。ミシュランは、いうまでもなく、フランスのタイヤメーカーで、信頼の置ける旅行ガイドを古くから出版していることで知られるが、最近では、旅行ガイドというより、美食グルメのお墨付きとしての人気のほうが先行している。二〇〇八年には、初めて日本のレストランを格付けした本を発表、三ツ星のついたレストランや寿司店が公表されると、すぐにメディアに取り上げられ、さらに人気が高まるという「ミシュラン現象」を引き起こした。観光地の格付けのほうも、同じ年に、初めて旅行ガイドの日本版が出され、京都や日光など、定番地が三ツ星に輝いただけでなく、当の日本人が首をかしげるような観光地にも三ツ星がつき、当惑させたことも記憶に新しい。

そのひとつ、高尾山《たかおさん》は、東京から最も近いハイキングの名所として親しまれすぎていて、まさかミシュランの三ツ星がつくなど、思いもよらなかった観光地である。しかし、結果として、高尾山は、ミシュラン効果もあり、最近では、シーズンには、ラッシュといってよい混雑が続いている。世界遺産効果と変わらぬ集客効果をもたらしているとすれば、ミシュランも侮《あなど》りがたしというところだろう。味や雰囲気に徹底的にこだわるミシュランガイドは、実利的な本物をあぶりだすという意味では、アプローチは違うものの、世界遺産と似た効用

（と逆効果）を持っているのかもしれないと思う。

「聖」なる世界遺産と「俗」なミシュラン・三ツ星。しかし、その「俗」なる三ツ星に、世界遺産の京都も日光も高野山も含まれている。高野山に、世界遺産登録後、外国人観光客が格段に増えたことは前述したが、実はもうひとつの理由は、このミシュランのお墨付きのせいでもある。地域に外国からの観光客を呼べる二つのブランドの強さに、あらためて脱帽する。

「教育」の重要性――和歌山県高野《こうや》町の場合

その高野山のある和歌山県高野町では、小中学校で世界遺産を教える授業がある。小学校の副読本は、高野町独自で制作、中学校の副読本は、和歌山県の教育委員会が作成、高野町を含め、県内で世界遺産を持つ自治体の中学校で使ってもらっているという。地域のことを早い時期から学ぶことで、地域に愛着と誇りを持ってもらいたい、そんな思いの滲《にじ》む手づくりの副読本である。

後藤太栄《ごとうたいえい》高野町長は、ある対談で、教育の重要性について、次のように語っている。

「高野町では、小・中学生のために、世界遺産のことを教える副読本を使っています。それは、まだ不十分な内容ではありますが、ここには現に世界遺産があるから強いのです。毎日、街じゅうで行なわれていること、行事なども含めて、起きていることすべてが世界遺産なのです。昔は重要文化財クラスの建物でも、子供たちは中に入って勝手に遊んでいたんですよ。修復後は急に鍵をかけ、住民から遠い存在にしてしまいました。ここに生まれ育った子供たちには遺産に触れるチャンスがあり、それはむしろ権利といってよいでしょう。私はそれを享受させてあげたいと日ごろから思っています」

もちろん、副読本での授業も大事だが、そこにある世界遺産に身近に行くことができ、触れることもできる、つまり、遊び場として世界遺産がそこにあることが、将来、その子供たちが町に残って何を大切に思うか、あるいは故郷を離れても、そこに何があるのかを無意識のうちに強く認識すること、そのための仕掛けが大事だと、後藤町長は語っているように思える。

沖縄県でも、世界遺産登録直後に、小・中・高校向けそれぞれの世界遺産の副読本が作られているが、十分利用されている状況とはいえない。いくら副読本を作っても、それを活用し教えられる教員がいなければ、宝の持ち腐れとなってしまう。世界遺産は、大学に多くの講座ができ、また中学入試から大学入試まで、世界遺産が設問に登場することも多くなった

高野町で小中学生が使っている世界遺産の教材。カラフルな地図や写真が多用され分かりやすいが、内容はかなり深いものになっている

が、「受験対策」としてではなく、地域の文化を学ぶためにも、学校現場での教育の重要性は無視できないといえよう。

「観光の二一世紀」が頼りにする世界遺産

冒頭でも述べたように、製造業を中心とした工業の世紀、あるいは、テレビやITに代表される情報の世紀、さらには、金融の世紀ともいえるかもしれない二〇世紀が過ぎ、二一世紀は、環境の世紀、という人もいれば、人々が自由に行き交う大観光時代、つまり観光の世紀という人もいる。二〇世紀後半も十分観光の世紀だったかもしれないが、質的な変化も含め、真の意味での観光に、今スポットが当たり始めているのは、間違いないような気がしている。

旅は個性化が進み、目的も細分化してきている。庭園だけを巡る旅、フェルメールの絵を求める旅、ひたすらローカル線に乗りまくる旅、木造旅館だけを泊まり歩く旅もある。世界遺産は、そんな中のワン・オブ・ゼムの位置を占めつつあるといってよいだろう。もちろん、日本に来る外国人の動向を見ても、必ずしも世界遺産だけを目的に来ているわけではなく、秋葉原や築地市場、浅草や原宿など、世界遺産とは無関係のところの人気も高いし、アジアからの観光客には、ディズニーランドや各地の温泉・スキー場など、世界遺産とはある種対照的なリゾートエリアへ集まる傾向が強い。

しかし、そうしたことを踏まえても、世界遺産は、長期的スパンで、観光分野における主役のひとつの座を占め続ける気がしている。それは、そこが世界遺産だから、というだけではなく、そこが世界遺産になっていないという逆説的な意味においても、世界遺産はある種のスタンダードであり、比較対象であり続ける可能性があるからだ。例えば、富士山が世界遺産への登録を見送られ続けるとすれば、それは、なぜ、同じアジア・オセアニアの独立峰である、マレーシアの**キナバル山**や、ニュージーランドのルアペフ山（「**トンガリロ国立公園**」として世界遺産に登録）が世界遺産であり、富士山はそうではないのか、という問いを投げかけることで、その遺産の持つ意味を照射する役割があると考えられるからである。

世界遺産以外の文化財を守る仕組み

私は、世界遺産そのものを否定的に捉えてはいないが、世界遺産だけが素晴らしく、そうでなければ価値がないというような風潮には、強い反発を感じるし、実際、日本だけでなく、海外でも、世界遺産はひとつのメルクマール（指標）にはなるけれど、すべてではないということを、訪れるたびに感じている。

幸い、日本では、従来の国宝や重要文化財の制度に加えて、景観や近代化遺産を人類の至宝として認める世界遺産の精神に影響されてか、重要文化的景観や登録有形文化財といった新しい「価値」の概念が具体化している。私は、登録有形文化財の中に、各地の個人の旧宅や、醤油造り、酒造りなどの伝統的な工場や蔵など、とても貴重な、まさに保護しなければいつの間にか消えていくものが多く含まれていることに、大きな意義を感じている（ただ、登録有形文化財には、国宝や重要文化財ほど、保護の義務が課せられていないので、東京・中央区の歌舞伎座《かぶきざ》のように、あっさりと建て替えが認められてしまうケースもあり、課題を残している）。

建て替えが決まった歌舞伎座

また、これは地域振興の面が強いが、経済産業省が二〇〇八年から認定している「近代化産業遺産」についても、これまでの文化財の考え方を超えたユニークな発想を感じる。こうした積み重ねのうえに、世界遺産があるのであって、世界遺産を目指すことを決め、そのために、あわてて、構成資産を国の重要文化財や史跡に指定するような今のやり方は本末転倒していると考えざるを得ない。

ユネスコの組織は欧米偏重から脱しつつあるとはいえ、世界遺産に大きな影響を与えるイコモスや、最近世界遺産の産業遺産分野への影響力が増している国際産業遺産保存委員会（ＴＩＣＣＩＨ＝ティッキ）などは、いまだに欧米の価値観が支配していることは否めない。であれば、日本で、あるいは、アジアに広げてもよいと思うが、ユネスコの世界遺産登録は目指さないが、それに準じる貴重なものを、新たな枠組みでショーアップすることにより守っていく発想があってもよいのではないかと思うこともある。

例えば、平泉についていえば、無理して多くの遺産を世界遺産にするという発想に固執せず、中尊寺と毛越寺だけを世界遺産とし、その周辺の関連資産は、日本独自で、世界遺産を支える関連遺産と位置づけ、時間がない人は中尊寺と毛越寺だけ見るが、歴史を深く知りたい人は、そうした関連遺産を一日あるいは数日かけてじっくり散策する、そんな提唱が可能なネットワークができればと思う。

世界遺産登録を断念した「最上川の文化的景観」も決して文化的な価値がないわけではない。世界遺産への手続き論に縛られず、独自のユニークな価値を前面に押し出してアピールすればよい。

ヨーロッパには、産業遺産を、点ではなく、線で楽しめる「産業遺産の道」がイギリスやドイツを中心に、すでにいくつか選定されているが、その中には、世界遺産に登録されているものがいくつも入っている。興味のある人は世界遺産に加えて、その道沿いの資産を辿《たど》ることにより、理解を深め、知的な旅を堪能する、そんなあり方を真似《まね》てもいいのではないかと思う。

「平和の砦《とりで》」と「文化の多様性」としての世界遺産

ユネスコの設立理念は、第二次世界大戦の悲劇を受けて、教育や文化の振興により、心に平和の砦を築くことであると書き込まれているが、世界遺産もその根底には、平和への願いが込められている。他国や他民族の自然も含めた文化や景観を理解することは、その文化への深甚《しんじん》な敬意を育み、その文化を攻撃しようとする気持ちを抑止する効果を持つ。日本人がとかく仮想敵国視しがちな北朝鮮にも、かつての高句麗《こうくり》時代に築かれた古墳が点在し、世界遺産に登録されている。その古墳には、奈良県明日香《あすか》村の高松塚《たかまつづか》古墳の壁画に連なる彩色壁画が残されており、日本との文化の深いつながりを感じさせる。

この古墳を攻撃することになるかもしれない行為を日本が行なうことには、共通の文化基盤を持ち、今もその史跡を守り抜いてきた国への敬意という点において、反対せざるを得ないし、それは、どの国に対しても同様である。相互の文化の違いを認め、相手の文化に敬意を表する気持ちは、ユネスコの理念通り、平和の砦を築くことに他ならない。

また、世界遺産が持つ重要な意味は、本来そうあるべきなのに忘れがちな原則、「多様性の重要性」を思い出させてくれる。人類は、気候や地形の異なるところに住みついて以来、その土地や風土に根ざした独自の文化を長年かかって培《つちか》ってきた。寒い土地では、当然、冷気が入らない気密性の高い住まいができるし、暑い土地では、風通しのよい住居に住む。見たところ、粗末な小屋にしか見えなくても、そこには生活の知恵が凝縮されている。一見粗末な家と堅固な家の間に、文化的な優劣はない。差異があるだけだ。

そして、文化が多様であればあるほど、その世界は豊かな表情を見せ、また異なる文化の間に交流が生まれ、さらに新たな文化が生まれるという循環が起こる。世界遺産を見ていると、異なる文化がぶつかり合うことで、さらに魅力的な輝きを見せる文化が生まれることがよくわかる。ヨーロッパの教会が実に多様な表情を見せるのも、地域ごとに発達した様式が、交流し合った文化的成果である。

人間が築いた文化や地球が創生した自然に秘められた多様性は、狭い地球を豊穣な星へと変える、永遠に守るべき特質であり、それぞれの自然や文化の間に、差異はあっても優劣はない。そうした意識を育てることが結果として、平和の砦の構築につながっていく。世界遺産の最大の存在価値は、まさにそこにある。グローバリゼーションが進展し、アメリカン・スタンダードが席巻して、世界中のどの町にも、マクドナルドやコカコーラの看板が目につく、そういった文化の単一化は、長い目で見て、決して人々を豊かにしない。そのメッセージを物言わぬ世界遺産は、静かに発しているのではないだろうか。

数が多くなり過ぎたことがとかく問題視されがちだが、一〇〇〇件に迫ろうとする世界遺産は、それだけ地球に瞠目《どうもく》すべき自然と文化の結び目が存在することを物語っているのかもしれない。

世界遺産の賞味期限

今の世界遺産人気が単なるブームだとしたら、賞味期限が切れるときが必ずやって来る。人々はあっさりと違う価値観や違う旅先に乗り換え、世界遺産のブランドは輝きを失うだろう。

しかし重要なのは、過去に学び、今と照らし合わせ、未来につなげていくという考え方である。そのためには、地球と人類の歴史を学び、現代の諸相を切り取るトレーニングがどうしても欠かせない。仮に、世界遺産の冠をはずしても、千年の都で何度も焼失しながら再建されてきた京都の社寺の歴史や、首里城、広島の原爆ドームといったモニュメントが辿った歴史を知ることの重要性は、まったく変わらないであろう。そこに世界遺産が時代を超えて輝く可能性を見い出すことができる。

また、居ながらにして世界中の情報や映像を入手できるIT社会は、「知っているつもり」症候群を引き起こしやすい。世界遺産という制度に、行き過ぎた観光地化・俗化というマイナス要素があることはわかったうえで、それでも「地球見聞行」へのいざないの役割を果たす、そのプラスの側面にも留意したい。

二〇世紀の発展と悲劇がともに幾多の世界遺産に刻印されているように、各時代、各地域の歴史は、世界遺産と世界遺産登録を待つ資産に塗り込められている。世界遺産のあり方はこれからも変容するだろうし、正鵠《せいこく》を得た批判にはきちんと答えてあり方を変えていく必要もあるが、そこに刻まれたものをどう読み取れるのかに、人類の叡智を未来へバトンタッチできるかどうかがかかっている。「世界遺産」という名称が変わったり、もう一度、一《いち》から登録し直すことも含め、世界遺産は大胆に変わって欲しいし、しかし、そこに秘められた精神はそのままであってほしい、そう願わずにはいられない。

そんな思いでこの本を締めくくろうと思っていたら、松浦晃一郎氏の後を継いで〇九年一一月にユネスコ事務局長に就任する、ブルガリアのイリナ・ボコバ新事務局長の単独インタビューが「世界遺産制度見直し必要」という大胆な見出しとともに朝日新聞に掲載された。記事によれば、彼女は、これまでの世界遺産の成果を強調しつつも、「新たな概念と傾向を取り入れて、世界遺産の制度を根本的に見直す必要がある。登録に一喜一憂するのではなく、もっと保護に重点を置く必要がある」と語っている。残念ながら、商業主義にまみれていると批判を受けがちな現代のオリンピックの轍《てつ》を踏まないためにも、世界遺産は崇高な理念を掲げた原点に戻るべきだ、この私の願いが、新たな事務局長のもとで叶えられたらと切望する。

「世界遺産の本質」が伝わる一〇のお勧め世界遺産

◆この本は、世界遺産についての本なのに、世界遺産の本来の楽しみやワクワク感には、あえて触れていない。せめて、巻末に、私が実際に訪れた二三〇件あまりの世界遺産のうち、今も深く心に残った一〇件――世界遺産の本質に迫る珠玉の遺産を紹介したい。

ヤヴォルとシフィドニツァの平和教会（ポーランド）

まず、一件目は、ポーランドにある「ヤヴォルとシフィドニツァの平和教会」である。ヤヴォルもシフィドニツァもポーランド南西部の小さな町。この二つの町にそれぞれ、世界最大級の木造教会がある。カトリックが主流のこの地方で、領主がプロテスタントに教会の建立を許したが、その条件が石や鉄、レンガを一切使ってはいけないということ。住民は、その条件で考えうる限りの巨大な木造教会をわずか一年で造り上げた。うち二つが今に残り、世界遺産に登録されている。

外見は、武骨なペンションか倉庫のように質素だが、内部はオペラハウスのように五層に客席が設けられ、一度に、六、七千人を収容できる大きさを持つ。さまざまな壁画や装飾で彩られており、一見大理石製に見える祭壇も注意深く見ると木製である。困難な状況の中、教会建設に賭けた人々の思いが詰まっているかのようだ。しばし動けず、立ち去りがたい思いが強くて、いつまでもその空間に身をゆだねたいと願ったほどである。

その成立過程や内部の印象は、これぞまさに人類の傑作であり、こうしたものを守ることこそ世界遺産の意義だと唸《うな》らされた、稀《け》有《う》の教会であった。観光客も少なく、ひっそりと息を潜めるような佇《たたず》まいも好感が持てた。

壮大で厳粛な「ヤヴォル平和教会」の内部

承徳《しょうとく》の避暑山荘と外八廟《そとはちびょう》（中国）

地図で見ると北京《ペキン》からさほど遠くないが、実際に個人で行こうとすると、一日一便、しかも早朝六時半に北京駅を出る快速列車で四時間もかかる河北省の承徳。かつて、日本の占領時代

【左】普陀宗乗之廟の偉容
【下】まさにチベット風の建築様式

には、熱河《ねっか》と呼ばれた町は、その名前とは逆に、訪れた一月には、市内を流れる川も完全に凍りつき、市民が橋を渡らず、河の上を道路代わりに歩いているほどの冷え込みであった。

この涼しさのために、夏、蒸し風呂のようになる北京の離宮として、この地に、清《しん》王朝の夏の住まいと執政所が造られた。それが避暑山荘であり、広大な敷地は、一日でまわりきれないほど広い。そしてその郊外には、皇帝がチベット族など漢民族以外の民族との宥和《ゆうわ》を考慮して建てた巨大な寺院群が広がる。それが外八廟である。こうした一連の建物や庭園を見ると、あらためて清が、満州民族が興した非漢民族の王朝であり、中国が多民族国家であることを実感させられるし、チベット自治区や新疆《しんきょう》ウイグル自治区で今も時折起こる国家による弾圧や紛争が、歴史的にも根が深い問題であることを教えてくれる。

北京市には、「万里の長城」や「故宮」のほかにも、北京原人の頭骨などが発掘された「周口《しゅうこう》店《てん》の初期人類遺跡」など、六件の世界遺産があり、ひとつの都市としては、最も多く異なる世界遺産を抱える。しかし、そこからわずかに離れた地域に、異民族との調和に心を砕いた清の皇帝たちの工夫と苦悩が凝縮された建造物が並ぶことは、中国の過去と現在を理解するためにも、知っておいてよいことのような気がした。

ポタラ宮を模して造られた外八廟のひとつ、普陀宗乗之廟《ふだしゅうじょうのびょう》をタクシーから遠望したときのあまりの強烈な印象は、今も忘れることができない。

サンマリノ歴史地区とティターノ山（サンマリノ共和国）

ヨーロッパには、「極小国」と呼ばれる、地図で見ても点に過ぎないような国がいくつかある。モナコ、リヒテンシュタイン、アンドラなどである。そんな小さな国にまさか世界遺産はないだろうと思われるかもしれないが、それはとんでもない誤りで、例えば、世界最小の国バチカン市国は、国土全体が世界遺産であるだけでなく、ローマ市内に持つ飛び地に建つ三つの教会も「ローマ歴史地区」を構成する世界遺産であるため、数の上では、二件の世界遺産を持つことになる。ピレネー山中にあるアンドラには、二〇〇四年、そして、イタリア半島北部にあるサンマリノにも、二〇〇八年、世界遺産が誕生した。

サンマリノは、人口二万五千人あまりの独立国だが、その歴史は古く、世界最古の共和国であることを誇りにしている。平野に忽然《こつぜん》と聳《そび》える標高七〇〇メートルの岩山の周囲に国が広がり、首都のサンマリノは、その岩山の上に張り付くように発達した町である。そして、この旧市街を見下ろすように、岩山の崖の最上部に見張りのための要塞が三つ並んでいる。これらの要塞と旧市街が二〇〇八年に世界遺産に登録された。

【上】ティターノ山にへばりつくようにして発達したサンマリノ歴史地区
【右】政庁前の自由広場に沈む夕陽

その翌年の二〇〇九年の夏に訪れたサンマリノには、イタリアとの形ばかりの国境に、世界遺産登録を示す大きな標識が掲げられ、世界遺産を持つ国の仲間入りをしたことを喜んでいるようであった。付加価値税がかからないため、イタリア人の買い物客も多く、坂道ばかりの町並みに、政庁《せいちょう》など国の主要施設が寄り添う独特の景観は、旅の醍醐味を感じさせてくれるものである。政庁前の広場から遅めの夕陽がイタリア半島の山並みに沈むところを飽きずにいつまでも眺めた。地理的な条件を最大限活かし、周囲の都市国家に翻《ほん》弄《ろう》されながらも世界最古の共和国としての矜《きょう》持《じ》を保ち、独立を守り抜いたことも、世界遺産への登録を後押ししたのだろうと想像しながら、涼しい風の吹く山の中腹のホテルで眠りについた。

ディオクレティアヌス宮殿などのスプリットの史跡群（クロアチア）

旅を重ねていると、「旅行先でどこの国が一番良かったですか？」と聞かれることがよくある。あまたの旅行先に序列をつけるのは実に至難の業《わざ》であることは、あちこち出掛けている方には判っていただけると思うが、最近では、「クロアチアがお勧めです」と答えることが多くなった。

　アドリア海を挟んでイタリア半島と正対するクロアチアは、海岸線の美しさとその背後に聳える山並みの荒々しい風景とのマッチングが世界に類を見ない絶景を作り出しており、その海沿いにいくつもの歴史ある都市が点在する。

　その中で最も有名なのは、城壁が町を取り囲む中世そのままのドゥブロブニク旧市街だが、それより少し北にあるスプリットの町も忘れがたい美しさと伸びやかさを兼ね備えた街だ。ローマ皇帝ディオクレティア

スプリットの町を見下ろす

ヌスが出身地のこの街に建てた宮殿は、いつしか街の人の生活の場になり、宮殿の遺跡と人々の生活がまったく同じ空間で繰り広げられるという不思議な街である。

クロアチアの海岸線は実に複雑で、本土の目の前には、無数の島々が浮かんでいる。私が訪ねた一九九九年当時、まだそれらの島に世界遺産は一件もなかったが、二〇〇八年に、フバール島に新たな世界遺産ができた。そこへのアクセスも、実はこのスプリットが便利である。世界遺産ばかりを旅している自分ではあるが、クロアチアの島々には、世界遺産がなくても行ってみたいと思わせる抗し難い魅力がある。その島にできた世界遺産、行かずばなるまい。クロアチア、そして島への玄関となるスプリットに、再訪できると思うと、本当にワクワクする。

オウロ・プレト歴史地区（ブラジル）

南アメリカは、日本のちょうど裏側。直行便を使っても、二〇時間以上かかる僻遠《へきえん》の地だが、イグアスの滝、マチュピチュ、ナスカの地上絵、カナイマ国立公園（テーブルマウンテン）など、一度は訪れてみたい世界遺産がずらりと連なる。

そんな中、淡いけれど、南米らしい光を放つ世界遺産群がある。スペインやポルトガル、オランダなどが築いた植民都市の数々だ。ブラジルにも、そんな街がいくつかある。その中でも、ゴールドラッシュの残照が映える美しい街が内陸部のオウロ・プレトである。

リオデジャネイロから、ミナス・ジェライス州の州都ベロ・オリゾンテへ飛行機で飛び、タクシーで一時間ほど揺られて夜半に着いたオウロ・プレトは、すでに闇に沈み、その姿はまったく見えなかった。

翌朝、ホテルの外へ出てみて驚いた。周囲は緑濃い山々。その中に、立体的な町並みが坂道でつながって、斜面に広がっている。真っ白な教会があちこちに、王冠に埋められた宝石のように、点在しているのだ。坂道の勾配は急峻《きゅうしゅん》で、石畳に靴を押し付けながら、滑らないように歩くのが難儀だ。

オウロ・プレトのメインストリート

気づくと目の前にきらめくような教会。コロニアル建築の最高傑作と呼ばれるサンフランシスコ・ジ・アシス教会は、外壁の装飾も内部の祭壇も、この町生まれの天才彫刻家アレジャジーニョの作品で埋め尽くされている。ブラジル高原の奥深い山の中で、こんなに素晴らしい教会が埋もれている奇跡が胸に迫る。

しかし、この周辺で掘られた金は、ブラジルでは、こうした教会を潤《うるお》しただけで、富のほとんどは宗主《そうしゅ》国たるポルトガルへと流れていった。近代以降のヨーロッパの繁栄は、アフリカの

コロニアル様式のファサードが目を引く、ノッサ・セニョーラ・デ・ピラール教会

奴隷という労働力、アメリカ大陸の金や銀、アジアの農産物や綿花などで成立していたという歴史の一断面を鮮やかに浮かび上がらせるのも、南米の植民都市ならではの役割である。このときの旅では、ほかに、サルバドール・デ・バイアやオリンダなどの世界遺産登録の植民都市を訪れたが、ブラジルには、まだいくつもの未訪の植民都市が残っている。ぜひ、また行ってみたいと思わせる世界遺産群である。

エル・ジェムの円形闘技場（チュニジア）

世界遺産をいくつもまわっていると、いやでも気づくことがある。そのうちのひとつが、ローマ帝国の遺産が、イタリア以外にいかに無数に存在しているか、ということである。フラン

【上】ローマのコロッセオに比肩する偉容
【左】周囲には、小さな集落と、あとは砂漠が広がっている

スのポン・デュ・ガール、スペインのメリダ、リビアのレプティス・マグナなどだけでなく、イギリスとドイツにあるローマ帝国の国境線（代表例は、イギリスのハドリアヌスの長城）、ハンガリーのペーチュなど、地中海世界以外にも、これでもかというほど、水道橋、凱旋門、劇場、闘技場、神殿、墓地などの建造物が驚くべき規模と保存状態の良さで我々を迎えてくれる。

地中海を挟んでイタリアと向き合うチュニジアも、世界遺産のいくつかは、ローマ帝国が建造した都市や建造物の遺跡である。ポエニ戦争で、当時のチュニジアにあったカルタゴを徹底的に殲滅《せんめつ》したローマは、重要な穀倉地帯であるこの地を、イタリア半島と同様に大切に扱った。そのシンボルが、砂漠に忽然《こつぜん》と現われ、収容人員三万五千人を誇るエル・ジェムの円形闘技場である。私は、のちに、本場ローマのコロッセオを見ることになるが、それと比べても遜色《そんしょく》がないどころか、周囲に何もないところに建つため、存在感は、ローマのコロッセオよりもはるかに大きい。そのことが、比べてみて初めて理解できた。

ローマ帝国は、征服した領民に、きちんとパンと見世物を与え、またそれぞれの宗教や自治を重んじ、反乱が起きないよう心を砕いた。

そのことはわかっていても、地中海からさほど遠くないとはいえ、アフリカの内陸部にこれだけの規模の闘技場を作ってしまうローマの統治のあり方は、実にさまざまなことを想起させ、考えさせる。

世界には、世界遺産未登録のローマ時代の闘技場や劇場がまだ無数にといってよいほど存在する。トルコ南部のアスペンドスでは、舞台だけでなく後方の壁や楽屋までがほぼ完璧に残る見事な古代劇場を見て、これが世界遺産でないのはどうしてだろうと考え込んでしまうほどであった。こうした無数の遺跡の代表として世界遺産となったエル・ジェムの円形闘技場は、ローマ世界の広がりと深みを垣間《かいま》見せてくれる遺産である。

ドナウ・デルタ（ルーマニア）

これまで、母なる川ドナウは、さまざまなところで見てきた。ハンガリーのブダペストやエステルゴム、オーストリアのウイーン、スロバキアのブラチスラバ。この大河が、黒海《こっかい》に注ぐところに、広大なデルタ地帯があり、ヨーロッパでは数少ない自然遺産に登録されている。

私が訪れたのは九月。その日はデルタをまわる観光船はお休みで、仕方なく、個人でクルー

文化遺産の宝庫であるヨーロッパにおいて数少ない自然遺産

ズ用の観光船をお願いして、ドナウ・デルタめぐりに乗り出した。ルーマニア・トゥルチャの町のドナウ河岸を出た船は、細い水路に入り、河口方向へと下っていく。岸辺には、粗末な小屋がいくつもあって、夏の間、ここで漁をして過ごす人たちがいるのだという。

水路は、いたるところで、ほかの水路と交錯《こうさく》し、どこがドナウ川の本流で、どこがそうでないのか、方向感覚を失っていく。白い水鳥が飛び立つのが見えた。その後も、草原に数十羽のサギが憩っているところ、船の近くを滑空するところに何度も遭遇した。ここは、三〇〇種以上の野鳥が生息する、欧州有数の自然保護区で、ペリカンが訪れることでも知られているが、この季節は遭遇が難しい。船会社が用意した簡単な昼食を船の上で食べて、帰路にさしかかったとき、船の上から水縁《みずべり》をたたいて、タモで何かをすくっている漁師に行き会った。聞くと、蛙を獲《と》っているのだという。蛙はおそらく野鳥の食料でもあると思うのだが、ドナウ・デルタの恩恵を人間も享受しているのだろう。

三〇〇〇キロ近くも大地を潤し、レーゲンスブルク、ウイーン、ブダペストなど多くの世界遺産都市を育《はぐく》み、ようやく旅を終えようという河口の直前で、生き物のゆりかごとなるドナウに、ちょっぴり親しみを感じる六時間の濃密なツアーであった。

ホイアン（ベトナム）

中国の南、南シナ海沿いに、南北に長く延びるベトナム。かつてのベトナム戦争の傷跡も癒《い》え、経済発展著しいアジアの成長株のこの国は、日本からの観光客が激増、特に最近は、雑貨、隠れたリゾート、ベトナム料理やコーヒー産地としての発展など、女性が好む要素を抱えているためか、熱い視線を浴びている。旅の記事を売り物にする女性向け雑誌で、ベトナムを取り上げないところはないといってもよいほどだ。

そのベトナムに、日本とのつながりの深い世界遺産がある。中部の町ホイアンである。かつて海のシルクロードの中継地として栄えたこの町は、一七世紀には日本からの朱印船が寄港、日本人街も形成された。当時の名残りは、町の中心部に残る、その名も「日本橋」にとどめられている。

現在は、中国風の町並みが続き、提灯《ちょうちん》や漢字の看板など、エキゾチックな雰囲気が漂う独特の雰囲気を持った街として、多くの観光客を集めている。私が訪れたのは二月。北部のハノイでは肌寒さを感じたが、ベトナムの南北を分けるハイバン峠を越えると、真夏のような日差しと気温へと激変する。ホイアン近郊のリゾートホテルでは、プールが魅力的に私たちを待っていたが、とにかくホイアンの街に直行。中国の水郷の村を彷彿《ほうふつ》とさせる穏やかで南国風の街路はあたかも迷宮のようで、公開されている家の中に入ると、鰻の寝床《ねどこ》のように奥へ奥へと敷地が続き、町の懐の深さがうかがえる。

本文で触れた石見銀山の銀も、この町の商家の財布に収まったかもしれないと思うと、南シナ海を自由に行き交《か》った交易の民のエネルギーが、ねっとりとした空気から一層強く感じられる。東南アジアには、雰囲気のよい町並みは残念ながら多くはないが、ホイアンは、海が玄関であり、交易の主役だった時代の栄華を今に伝える、少し気分を高揚させてくれる佳き街であった。

【上】中国人の集会所
【下】明るく活気のある町並み

トカイワイン産地の歴史的文化的景観（ハンガリー）

フランス絶対王政の最高権力者、ヴェルサイユ宮殿を建てたルイ一四世がお気に入りでわざわざ取り寄せていたというトカイワイン。そのふるさと、ハンガリー・トカイ地方は、都会（＝ブダペスト）ではなく、首都ブダペストから車で四時間以上かかる田園地帯にある。

車で遅く着いた翌朝、村の周囲の丘陵に、美しい曲線を描くブドウ畑が一面に広がっているのが目に飛び込んできた。畑の間に舗装された道路が通っていたので、丘陵の中腹にある、ブドウが連なる畑のど真ん中にレンタカーを乗り入れた。丈の低いブドウの木には、よく見るとたわわなブドウが実っている。葉も実も緑色なので、目を凝らさないと実が見えないのだ。こっそり片手で持ってみると、一房一キログラム以上はあろうかという見事なブドウである。整然とした畑が見渡す限りの丘にどこまでも連なっている風景は、これまで数々見てきたヨーロッパのブドウ畑の中でも、第一級の本当に素晴らしい光景だった。

畑を降りると、一軒の納屋《なや》があり、年配の男性が作業をしていた。写真を撮らせてもらおうと声を掛けると、納屋の中に手招きされた。入ってみると、地下へ下りる階段があり、中はワインカーブになっている。トカイワインは、貴腐《きふ》ワインの一種で、強い甘味が特徴である。物欲しそうな目をしていたからか、気がつくと、農夫は芳醇《ほうじゅん》な自然の恵みをグラスに入れて私を待っていた。強烈な、だが喉の奥で微妙に高貴な甘みへと昇華していくような濃厚なワイン。村の中心に戻り、ワインショップで最高級のトカイワインであるトカイ・エッセンシアを購入しようとして驚いた。ハーフボトルで一本なんと五万円！ 意気込んで買おうと思っていた気持ちは急速にしぼみ、一万円しない純度の低いワインで我慢した。

ヨーロッパには、ワイン生産のシステム全体が世界遺産に登録された地がトカイのほかにも、スイスやフランス、ポルトガルなどにある。キリスト教徒にとって、パンとともに大切な命の水を来る年も来る年も作り続けて育まれた、まさに文化的景観の極致。ここで撮影したブドウ畑の写真の一枚が、ＮＨＫが毎年制作する世界遺産のカレンダーに採用されたことはうれしかったが、今も五万円のトカイ・エッセンシアに手が出なかった後悔がほろ苦く思い出される。

【左】ヨーロッパの数あるブドウ畑の中でも一級の美しさ。手前に納屋が並ぶ
【右】作業中の姿が見られるのは、ここが「生きた遺産」であることの証左だ

サマルカンド――文化交差路（ウズベキスタン）

世界遺産は年々登録数が増えるため、訪れたときは、世界遺産ではなかったが、後《のち》に、世界遺産に登録された、というところが少なくない。私が海外の世界遺産で最も若い時期に訪れたのは、ウズベキスタンの「サマルカンド――文化交差路」「ブハラ歴史地区」「ヒワのイチャン・カラ」の三件だが、一九八三年当時、そのどれもが世界遺産ではなかったし、所属する国も、現在のウズベキスタンではなく、ソビエト連邦であった。

新潟からハバロフスクへ、さらに現在はウズベキスタンの首都となっているタシケントに飛び、そこから列車でようやく辿り着いたサマルカンドは、真っ青な空に、モスクのドームを彩る真っ青なタイルが映える、まさに「青の都」であった。ソ連といっても、行き交う人は独特の帽子をかぶったウズベク人ばかりで、中央アジアのシルクロードにやって来たんだという感慨が町を

レギスタン広場にある三つのメドレッセ（神学校）

チムール廟の青いタイル

歩いても感じられる。

一四世紀後半、中央アジアに一大帝国を建てたティムールは、ここサマルカンドを都に定める。もともと、シルクロードのオアシス都市として、さまざまな文化が行き交ったこの町に、ペルシャなどさらに多くの文化が直接流入した。サマルカンドの代名詞にもなっている青いタイルは、ティムールがペルシャから連れ帰ったタイル職人の腕によるものである。

ウズベキスタンは一九九一年にソ連から独立、サマルカンドが世界遺産に登録されたのは、さらにその一〇年後のことである。登録の際、「文化交差路」というサブタイトルがつけられた。その名の通り、サマルカンドには、ペルシャ以外にもトルコ、ロシア、中国などさまざまな文化の影響が色濃く残り、まさにユーラシアの文化がここで出逢ったことが実感できる。

いつか時間ができたら、西安《シーアン》からシルクロードを辿り、敦煌《とんこう》などを経て国境を越えて、このサマルカンドをはじめ、美しいオアシス都市を訪ねてみたい、そう強く思わせる、「青の都」の印象であった。

おわりに

この本の執筆を打診されてから脱稿するまでの四カ月あまり、私は、いつも出かける世界遺産へのリアルな、そして胸が高鳴る楽しい旅とはまったく別の、世界遺産という観念の森への迷い旅を続けてきたような気がする。

世界遺産の高邁《こうまい》な理念と現実の苦悩の間に、わかりやすい解説がつけられるのか、抽象的で専門的な議論を、一般の人にも理解しやすいように嚙《か》み砕《くだ》いて語ることができるのか、そしてそもそも魅力的に感じていたからこそ、ライフワークのひとつとして世界遺産探訪を重ねていた自分が、世界遺産の抱える根源的な矛盾や課題に直面するたびに、世界遺産をむしろ嫌いになってしまわないか、そんな不安や怯《おび》えとも戦いながらの執筆であった。

机上《きじょう》の空論に終わらせないために、執筆を始めてから、琉球王国のグスク、石見銀山、白神山地などの国内登録地と、暫定リストに載る平泉の一連の遺産や鎌倉、富岡製糸場にも再び足を運び、できるだけ多くの地元の方に話を聞いた。また、年に一度、一週間程度の日程で訪れるプライベートな国外の世界遺産の旅でも、あえて世界遺産大国イタリアを選び、かの国で、世界遺産がどう捉えられ、どのようにして観光客を迎えているのかも、実際に自分の目で確かめた。

それだけでなく、今、日本各地で世界遺産の登録に向けて尽力している方々にも、電話や電子メールで取材をし、現地の思いを少しでも知ろうと努めた。忙しい中、こうした取材に応じていただいた各地の方々にこの場を借りてお礼を申し上げたい。また、資料収集や詳しい事情の聞き取りに、筑波大学大学院（世界遺産専攻）の稲葉信子教授や、群馬県世界遺産推進課の松浦利隆課長をはじめ、実に多くの方々のお手を煩《わずら》わせた。本文中に用いた写真についても、多くの方から心よく許可をいただくことができた。感謝あるのみである。

世界遺産条約は、まもなく条約制定から四〇年を迎える。登録地の名前がただずらりと並ぶシンプルな、しかしかなり長くなってしまった一枚の「世界遺産一覧表」は、いまやその仲間入りを世界の多くの予備軍が羨望の眼差しで見つめるプラチナリストとなった。世界の異なる文化に序列やランク付けができるのか、一〇〇パーセント客観的な普遍的価値など存在しうるのか、観念の森は出口のないラビリンスであり、今も私はその森から抜けられないでいるようだ。

私は、この本のテーマを第六章の見出しにも使った「曲がり角に来た世界遺産」と設定し、その視点で、本を書き進めた。取材した多くの世界遺産関係者にも、このテーマで執筆を考えていると切り出して、お話を伺った。そのほとんどの方が、「曲がり角」という言葉に、素直に、そして好意的に反応してくださった。世界遺産には何の問題もなく、ありがたく崇《あが》め奉《たてまつ》るものだ、心ある関係者であればあるほど、そんな牧歌的な思考をする人はもはやいないということを取材を通じて再確認することができた。ほとんどの人が「曲がり角に来ている」ことを実感し、軽薄なブームやブランド化の行き過ぎに不安を感じていたのだ。

世界遺産への疑問や警句は、少しずつ顕在化しつつあるが、それでも、圧倒的なブランドにケチをつけるのは勇気がいることなのだろう、また地元の登録運動への配慮もあってか、世界遺産への否定的な言質《げんち》は、まだマスメディアでは主流になっていない。私もこの本の執筆を引き受けたのは、世界遺産を否定するためではなく、本来の世界遺産の原点を見つめ直したかったからである。

二年後、五年後、一〇年後、時代の要請とも密接にかかわりつつ、世界遺産もその容貌を変えていくことだろう。しかし、私は、その変貌も含め、もう少し、世界遺産と付き合っていきたいと考えている。二〇〇九年九月現在、私の眼前には、まだ訪れぬ六二〇あまりの世界遺産と、一〇〇〇を越す世界遺産候補が残されている。現在ある世界遺産だけを毎年二〇件ずつ訪れても、残り三〇年、そのときには、日本人男性の平均寿命の年に達してしまう。

制覇すべき世界遺産がなくなるのが先か、命の灯が消えるのが先か、あるいはそのどちらかの前に、世界遺産を巡る魅力が失われ、興味をなくしてしまうのか、それは神のみぞ知ることである。

なお、この本に記したさまざまな数値や事実は、おおむね二〇〇九年一〇月現在のものであり、その後の変更は反映されていないこと、世界遺産名については、初出では正式名を記したが、それ以降は読みやすくするため、「石見銀山」「平泉」のように省略したものもあること、また名称そのものも、資料によって和訳名が異なるものが多いが、できるだけ日本でなじみがあったり、違和感が少ない名前で記述したことなどをお断りさせていただく。さらに、世界遺産登録に欠かせない「真正性」「完全性」といった用語の解説や解釈など、本来学術的にはもっと厳密に定義したり記すべきことを、一般の人が読みやすいようにということで、あえて割愛したものもある。専門家から見れば不十分な面が多々あると思うが、前著「旅する前の『世界遺産』」の続編という位置づけと解して、お許しいただきたい。

最後に、世界遺産が持つ本来の使命と魅力が永遠に失われないことを願いつつ、筆を擱《お》きたい。

参考資料

この本の執筆には、ユネスコ世界遺産センター、イコモス、日本の文化庁、世界遺産一覧表および暫定一覧表記載物件を持つ各自治体などを中心に、国内外の各機関の公式ホームページを多数参照した。また、ユネスコや文化庁に提出された世界遺産候補の推薦書にも目を通した。そのほか、私と同様の関心を持つ研究者の論文（高橋里香「世界遺産登録のあり方と今後の展望――なぜ平泉の文化遺産は記載延期になったのか（和光大学現代人間学部紀要第二号）」、新井直樹「世界遺産登録と持続可能な観光地づくりに関する一考察（地域政策研究十一巻二号）」）なども参考とした。そのほか、参照した資料は相当数にのぼるが、そのうちの主なものを列挙する。

「沖縄の土木遺産　先人の知恵と技術に学ぶ」「沖縄の土木遺産」編集委員会編　沖縄建設弘済会（二〇〇五年五月）
「紗房集　私説　石見銀山」竹下弘　なかむら文庫（二〇〇五年七月）
「輝き再び　石見銀山　世界遺産への道　改訂版」山陰中央新報社（二〇〇六年八月）

「世界が求めた輝き　石見銀山写真集」山陰中央新報社（二〇〇六年一〇月）
「佐渡を世界遺産に」監修　橋本博文　新潟日報事業社（二〇〇七年六月）
「世界遺産　ユネスコ事務局長は訴える」松浦晃一郎　講談社（二〇〇八年七月）
「私たちの世界遺産2　地域価値の普遍性とは」編著五十嵐敬喜、西村幸夫　公人の友社（二〇〇八年一〇月）
「世界遺産検定公式テキスト1〜3」世界遺産検定事務局　毎日コミュニケーションズ（二〇〇九年一月）
「500人の町で生まれた世界企業 ― 義肢装具メーカー『中村ブレイス』の仕事」千葉望　ランダムハウス講談社（二〇〇九年二月）
「よくわかる国宝　国宝でたどる日本文化史」監修　岡部昌幸　JTBパブリッシング（二〇〇九年三月）
「ミシュラン・グリーンガイド・ジャポン2009」（二〇〇九年三月）
「ル・コルビュジェ　近代建築を広報した男」暮沢剛巳　朝日新聞出版（二〇〇九年六月）
「世界遺産年報」日本ユネスコ協会連盟編　一九九五年以降各号
「月刊　文化財」監修　文化庁文化財部　第一法規　各号
「旅する前の『世界遺産』」佐滝剛弘　文春新書（二〇〇六年五月）

★読者のみなさまにお願い

この本をお読みになって、どんな感想をお持ちでしょうか。祥伝社のホームページから書評をお送りいただけたら、ありがたく存じます。今後の企画の参考にさせていただきます。また、次ページの原稿用紙を切り取り、左記まで郵送していただいても結構です。

お寄せいただいた書評は、ご了解のうえ新聞・雑誌などを通じて紹介させていただくこともあります。採用の場合は、特製図書カードを差しあげます。

なお、ご記入いただいたお名前、ご住所、ご連絡先等は、書評紹介の事前了解、謝礼のお届け以外の目的で利用することはありません。また、それらの情報を6カ月を超えて保管することもありません。

〒101―8701（お手紙は郵便番号だけで届きます）
祥伝社新書編集部
電話03（3265）2310
祥伝社ホームページ　http://www.shodensha.co.jp/bookreview/

キリトリ線

★本書の購入動機（新聞名か雑誌名、あるいは○をつけてください）

＿＿＿＿新聞の広告を見て	＿＿＿＿誌の広告を見て	＿＿＿＿新聞の書評を見て	＿＿＿＿誌の書評を見て	書店で見かけて	知人のすすめで

★100字書評……「世界遺産」の真実

名前
住所
年齢
職業

佐滝剛弘　さたき・よしひろ

1960年、愛知県生まれ。東京大学教養学部（人文地理専攻）卒業後、NHKディレクターに。これまでに50余カ国230件あまりの世界遺産を踏破。2008年12月、NPO法人世界遺産アカデミー主催の「世界遺産検定」で世界遺産マイスターを取得。著書に、「旅する前の『世界遺産』」（文春新書）、「郵便局を訪ねて１万局」（光文社新書）、「日本のシルクロード ―― 富岡製糸場と絹産業遺産群」（中公新書ラクレ）、「パブリック・アクセスを学ぶ人のために」（世界思想社、共著）などがある。

「世界遺産《せかいいさん》」の真実《しんじつ》

過剰《かじょう》な期待《きたい》、大《おお》いなる誤解《ごかい》

佐滝剛弘《さたきよしひろ》

2009年12月10日　初版第１刷発行

発行者……………竹内和芳

発行所……………祥伝社しょうでんしゃ

〒101-8701　東京都千代田区神田神保町3-6-5

電話　03(3265)2081(販売部)

電話　03(3265)2310(編集部)

電話　03(3265)3622(業務部)

ホームページ　http://www.shodensha.co.jp/

装丁者……………盛川和洋

印刷所……………堀内印刷所

製本所……………ナショナル製本

Printed in Japan　ISBN978-4-396-11185-4　C0220

〈祥伝社新書〉

好調近刊書―ユニークな視点で斬る!―

149

台湾に生きている「日本」

建造物、橋、碑、お召し列車……。台湾人は日本統治時代の遺産を大切に保存していた!

旅行作家 片倉佳史

151

ヒトラーの経済政策 世界恐慌からの奇跡的な復興

有給休暇、ガン検診、禁煙運動、食の安全、公務員の天下り禁止……

フリーライター 武田知弘

159

都市伝説の正体 こんな話を聞いたことはありませんか

死体洗いのバイト、試着室で消えた花嫁……あの伝説はどこから来たのか?

都市伝説研究家 宇《う》佐《さ》和《わ》通《つう》

160

国道の謎

本州最北端に途中が階段という国道あり……全国一〇本の謎を追う!

国道愛好家 松波成行

161

《ヴィジュアル版》江戸城を歩く

都心に残る歴史を歩くカラーガイド。1~2時間が目安の全12コース!

歴史研究家 黒田 涼